安全生产知识百点通丛书

安全生产标准化建设知识百点通

主　编　王智浩　武　琪
副主编　韩吉祥　张晓磊

中国劳动社会保障出版社

图书在版编目（CIP）数据

安全生产标准化建设知识百点通 / 王智浩，武琪主编. -- 北京：中国劳动社会保障出版社，2024.
（安全生产知识百点通丛书）. -- ISBN 978-7-5167-6519-7

Ⅰ. X931

中国国家版本馆 CIP 数据核字第 2024VY9889 号

中国劳动社会保障出版社出版发行

（北京市惠新东街 1 号　邮政编码：100029）

*

山东韵杰文化科技有限公司印刷装订　　新华书店经销

880 毫米 ×1230 毫米　32 开本　4.25 印张　96 千字

2024 年 6 月第 1 版　　2024 年 6 月第 1 次印刷

定价：18.00 元

营销中心电话：400-606-6496

出版社网址：http://www.class.com.cn

“安全生产知识百点通丛书”
编委会

内容简介

本书是“安全生产知识百点通丛书”之一，以问答的形式全面介绍了企业安全生产标准化建设的相关知识，主要内容包括安全生产标准化基础知识、安全生产标准化与其他安全生产管理体系模式的对比、企业安全生产标准化建设与规范要求、企业安全生产标准化建设的核心要求、企业安全生产标准化审核认证等。

本书选题典型，通俗易懂，版式设计新颖且活泼，配以原创漫画插图，生动直观，适合各类企业的安全生产分管负责人、安全生产管理人员、基层现场职工使用，用于增加其对于安全生产标准化建设的了解和知识储备。

目 录

一、安全生产标准化基础知识

1. 什么是安全?

安全泛指没有危险、不出事故的状态。生产过程中的安全即生产安全，是指在生产过程中不发生工伤事故、职业病及没有设备或财产损失的状态。安全是相对的，任何事物都包含不安全因素，具有一定的危险性。

2. 什么是生产安全事故?

生产安全事故是指生产经营单位在生产经营活动（包括与生产经营有关的活动）中突然发生的，伤害人身安全和健康，或者损坏设备设施，或者造成经济损失，导致原生产经营活动（包括与生产经营有关的活动）暂时中止或永远终止的意外事件。其基本特征包括5个方面：

（1）事故主体的特定性。生产安全事故仅限于生产经营单位在从事生产经营活动中发生的事故。从事生产经营活动的单位主要包括工矿商贸领域的公司、合伙企业、个人独资企业、个体工商户等生产经营单元。

（2）事故地域的延展性。生产安全事故发生的地域范围是不固定的，但限定在有限范围内。

（3）事故的破坏性。生产安全事故会对人员或生产经营单位造成一定的损害结果，如造成人员伤亡（包括急性中毒），影响生产经营活动正常开展，给生产经营单位造成经济损失等。

（4）事故的突发性。生产安全事故是在短时间内突然发生的，不同于在某种危害因素长期影响下发生的其他损害事件，如职业病。

（5）事故的过失性。生产安全事故主要是人的过失造成的，如违规作业、冒险作业等导致的生产安全事故，同洪水、泥石流等不可抗力造成的灾害有本质的区别。工作环境不良、设备隐患等原因造成的生产安全事故也应归因为过失行为，即生产经营单位安全生产管理人员在本单位安全生产管理工作中存在过失行为，没有立即排除不良作业因素而致使事故发生。

3. 什么是安全生产管理?

安全生产管理是指针对生产经营活动中的安全问题，运用有效的资源，发挥人们的智慧，通过人们的努力，采取有关计划、组织、指挥、协调和控制等一系列措施，实现经营活动中人、机器设备、物料、环境（简称人、机、物、环）的和谐，达到安全生产的目的。

安全生产管理的目标是减少、控制危害和事故，最大限度地避免生产安全事故所造成的人身伤害、财产损失、环境污染以及其他损失。

安全生产管理的基本对象是生产经营单位的从业人员及其物质和作业环境。安全生产管理的内容包括安全生产的法治化建设、行政管理、监督监察、规章制度建设、设备设施和作业环境管理、教育和培训等方面。

4. 什么是企业安全生产标准化？与标准化工作的关系是什么？

企业安全生产标准化是指企业通过落实安全生产主体责任，全员全过程参与，建立并保持安全生产管理体系，全面管控生产经营活动各环节的安全生产与职业卫生工作，实现安全健康管理系统化、岗位操作行为规范化、设备设施本质安全化、作业环境器具定置化，并持续改进。企业安全生产标准化的这一定义涵盖了企业安全生产工作的全局，是企业开展安全生产工作的基本要求和衡量标准，也是企业加强安全生产管理的重要方法和手段。

《中华人民共和国标准化法》中的“标准化”，主要通过制定、实施国家标准、行业标准等，规范各种生产行为，以获得最佳生产秩序和社会效益，与企业安全生产标准化有所不同。

企业安全生产标准化就是将标准化工作引入和延伸到安全生产工作中来，它是企业标准化工作中最重要的组成部分。其内涵就是企业在生产经营和全部管理过程中，自觉贯彻执行安全生产法律法规、标准规范，并将这些内容细化，制定本企业安全生产方面的规章、制度、规程、标准、办法，并在企业生产经营管理工作的全过程、全方位、全员、全天候贯彻实施，使企业的安全生产工作得到不断加强并持续改进，本质安全水平不断提升，企业的人、机、物、环始终处于和谐和安全的状态，进而保障和促进企业在安全的前提下健康快速发展。

5. 我国安全生产标准化建设经历了怎样的过程？

我国安全生产标准化工作的发展大致经历了 4 个阶段。

（1）第一阶段——煤矿质量标准化。第一阶段从 1964 年开始。原煤炭工业部部长张霖之首先提出了“煤矿质量标准化”的概念，要求重点抓好煤矿采掘工程质量。20 世纪 80 年代初期，煤炭行业事故频发，为此，煤炭工业部于 1986 年在全国煤矿开展“质量标准化、安全创水平”活动，目的是通过质量标准化促进安全生产。有色金属、建材、电力、黄金等多个行业也相继开展了质量标准化创建活动，以提高企业安全生产水平。

（2）第二阶段——安全质量标准化。第二阶段从 2003 年 10 月开始。原国家安全生产监督管理局和中国煤炭工业协会在黑龙江省七台河市召开了全国煤矿安全质量标准化现场会，会上提出了新形势下煤矿安全质量标准化的内容，会后出台的《关于在全国煤矿深入开展安全质量标准化活动的指导意见》提出了“安全质量标准化”的概念。

（3）第三阶段——安全生产标准化的提出。20 世纪 80 年代，冶金、机械、采矿等领域率先开展了企业安全生产标准化活动，先后推行了设备设施标准化、作业现场标准化和行为标准化。随着人们对安全生产标准化认识的提高，特别是在 20 世纪末，职业健康安全管理体系引入我国，风险管理的方法逐渐被部分企业所接受，企业安全生产管理活动标准化不断发展。

2004 年，《国务院关于进一步加强安全生产工作的决定》（国发〔2004〕2 号）提出了在全国所有的工矿、商贸、交通、建筑施工等行业企业普遍开展安全质量标准化活动的要求。原国家安全生产监督管理局印发了《关于开展安全质量标准化活动的指导意见》(安监政法字〔2004〕62号),要求煤矿、非煤矿山、危险化学品、烟花爆竹、冶金、机械等行业领域开展安全质量标准化创建工作。随后,除煤炭行业强调煤矿安全生产状况与质量管理相结合外,其他多数行业逐步弱化了质量的内容,提出了安全生产标准化的概念。非煤矿山、危险化学品、冶金、电力、机械、道路和水上交通运输、建筑、旅游、烟花爆竹等行业领域修订完善了开展安全生产标准化工作的标准、规范、评分办法等一系列指导性文件,指导企业开展安全生产标准化建设的考评工作。

(4)第四阶段——企业安全生产标准化建设充分发展。第四阶段的开始与一系列安全生产法律法规的制定和修订相关。2010年4月15日,国家安全生产监督管理总局以2010年第9号公告发布了《企业安全生产标准化基本规范》,标准编号为AQ/T 9006—2010,自2010年6月1日起实施。

2014年修正的《中华人民共和国安全生产法》将企业安全生产标准化建设的内容列入其中。根据《中华人民共和国安全生产法》第四条的规定,企业必须遵守《中华人民共和国安全生产法》和其他有关安全生产的法律法规,加强安全生产管理,建立健全安全生产责任制和安全生产规章制度,改善安全生产条件,推进安全生产标准化建设,提高安全生产水平,确保安全生产。2021年修正的《中华人民共和国安全生产法》作了进一步扩展,要求加强安全生产标准化、信息化建设。

2017年4月1日,《企业安全生产标准化基本规范》(GB/T 33000—2016)正式实施,规定了企业安全生产标准化管理体系建立、保持与评定的原则和一般要求,以及目标职责、制度化管理、教育培训、现场管理、安全风险管控及隐患排查治理、应急管理、事故管理和持续改进8个体系要素的核心技术要求。

2022 年《“十四五”国家安全生产规划》对安全生产标准化建设提出明确要求，相关内容如下：

加强全国安全生产有关专业标准化技术委员会建设，健全以强制性标准为主体、推荐性标准为补充的安全生产标准体系，构建“排查有标可量、执法有标可依、救援有标可循”的安全生产标准化工作格局。加快推进安全生产强制性国家标准和行业标准精简整合，有效提高强制性国家标准的通用性和覆盖面。强化安全生产基础通用标准制定，加快急需短缺标准制修订，增加标准有效供给。加快电化学储能、氢能、煤化工、分布式光伏发电等新兴领域安全生产标准制修订。积极培育发展安全生产团体标准、企业标准，推动建立政府主导和社会各方参与制定安全生产标准的新模式。加强安全生产标准信息服务，便于生产经营单位和社会公众查阅下载安全生产国家、行业和地方标准文本。强化安全生产领域强制性国家标准宣贯培训和实施效果评估，建立安全生产标准“微课云平台”。

持续推进企业安全生产标准化建设，推进重点行业领域企业安全生产标准化达标升级，推进安全生产基础薄弱、保障能力低下且整改后仍不达标的企业退出市场。

6. 实施企业安全生产标准化建设有什么重要意义？

实施企业安全生产标准化建设具有重要的意义，主要体现在以下 4 个方面：

（1）落实安全生产主体责任的基本手段。各行业安全生产标准化考评标准，无论管理要素，还是设备设施、现场条件要求等，均体现了法律法规、标准规范的具体要求，即企业应以管理标准化、操作标准化、现场标准化为核心，制定符合各岗位、工种自身特点的安全生产规章制度和操作规程，形成安全生产管理有章可循、有据可依、照章办事的良好局面，规范和提高从业人员的安全操作技能。通过建立健全企业主要负责人、管理人员、从业人员的安全生产责任制，将安全生产责任落实到企业每个从业人员、操作岗位，强调全员参与的重要意义，进行全员、全过程、全方位的梳理工作，全面细致地查找各种事故隐患和问题以及与考评标准规定不相符的地方，制订切实可行的整改计划，落实各项整改措施，从而将安全生产主体责任落实到位，促进企业安全生产状况持续好转。

（2）建立安全生产长效机制的有效途径。企业开展安全生产标准化建设活动重在基础、重在基层、重在落实、重在治本。实施企业安全生产标准化建设，要求企业各个工作部门、生产岗位、作业环节的安全生产管理、规章制度和各种设备设施、作业环境，必须符合法律法规、标准规范等要求。企业安全生产标准化建设是一项系统、全面、基础和长期的工作，有助于克服工作的随意性、临时性和阶段性，做到用法规抓安全，用制度保安全，实现企业安全生产工作规范化、科学化。同时，安全生产标准化比传统的质量标准化具有更先进的理念和方法，比国外引进的职业健康安全管理体系有更具体的内容，是现代安全管理思想和科学方法的中国化，有利于促进企业安全文化建设和安全生产管理水平的不断提升。

（3）提高安全监管水平的有力抓手。对于实行安全生产许可制度的矿山、危险化学品、烟花爆竹等行业，开展安全生产标准化建设工作符合安全生产许可制度的要求，有助于保证安全生产许可制度的有效实施，最终达到强化源头管理的目的。对于冶金、有色金属、机械等无须实行安全生产许可制度的行业，安全生产标准化能够完善安全监管手段，在一定程度上解决监管手段不足的问题，提高监管力度和监管水平。同时，实施安全生产标准化建设考评，将企业划分为不同等级，能够客观、真实地反映各地区企业安全生产状况和不同安全生产水平的企业数量，为加强安全监管提供有效的基础数据，为政府实施安全生产分类指导、分级监管提供重要依据。

（4）减少生产安全事故发生的有效办法。我国是世界制造大国，行业门类全、企业多，且企业规模、装备水平、管理能力差异很大，特别是中小型企业的安全生产管理基础薄弱，生产工艺和装备水平较低，作业环境相对较差，事故隐患较多，伤亡事故时有发生。生产安全事故多发的原因之一就是安全生产责任不到位，基础工作薄弱，管理混乱，“三违”（违章指挥、违规作业、违反劳动纪律）现象不断发生。安全生产标准化以隐患排查治理为基础，强调“任何事故都是可以预防的”理念，将传统的事后处理转变为事前预防。开展安全生产标准化建设工作，就是要求企业加强安全生产基础工作，建立严密、完整、有序的安全生产管理体系和规章制度，完善安全生产技术规范，建立健全并严格执行岗位标准，使安全生产工作经常化、规范化和标准化，杜绝“三违”现象，切实保障广大人民群众生命财产安全。

7. 企业开展安全生产标准化建设工作的原则是什么?

企业开展安全生产标准化建设工作，应遵循“安全第一、预防为主、综合治理”的方针，落实企业主体责任，以安全风险管理、隐患排查治理、职业病危害防治为基础，以安全生产责任制为核心，建立安全生产标准化管理体系，实现全员参与，全面提升安全生产管理水平，持续改进安全生产工作，不断提升安全生产绩效，预防和减少事故的发生，保障人身安全健康，保证生产经营活动有序进行。

8. 安全生产标准化的运行机制是什么?

安全生产标准化的运行机制，即“国家规制监管，行业指导评审，企业自律实施，从业人员参与落实，中介咨询服务”。

安全生产标准化系统包含 3 个过程环节、安全生产法律法规与 4 个层次的安全标准、5 个主体要素。安全生产标准化系统的 3 个过程环节是颁布标准、实施标准和监督管理；安全生产标准化的主要内容即安全生产法律法规及国家、行业、地方和企业 4 个层级的安全标准；安全生产标准化系统由政府、行业主管部门、企业、从业人员和中介服务机构 5 个主体要素所构成。

9. 安全生产标准化建设的目标是什么?

（1）总体要求。坚持“安全第一、预防为主、综合治理”的方针，树牢安全发展理念，全面落实《中华人民共和国安全生产法》等法律法规，按照《企业安全生产标准化基本规范》（GB/T 33000—2016）和相关规定，制定完善安全生产标准和制度规范。严格落实企业安全生产责任制，加强安全生产管理，实现企业安全生产管理的规范化。加强安全教育培训，强化安全意识、技术操作和防范技能，杜绝“三违”。加大安全生产投入，提高专业技术装备水平，深化隐患排查治理，改进现场作业条件。通过安全生产标准化建设，实现岗位达标、专业达标和企业达标，各行业（领域）企业的安全生产水平明显提高，安全生产管理和事故防范能力明显增强。

（2）目标任务。在工矿商贸和交通运输行业（领域）企业深入开展安全生产标准化建设，重点突出煤矿、非煤矿山、交通运输、建筑施工、危险化学品、烟花爆竹、民用爆炸物品、冶金等行业（领域）企业，并要求按照时间阶段性完成各项任务。建立健全各行业（领域）企业安全生产标准化评定标准和考评体系。进一步加强企业安全生产规范化管理，推进全员、全方位、全过程安全生产管理。加强安全生产科技装备，提高安全保障能力。严格把关，分行业（领域）开展达标考评验收。不断完善工作机制，将安全生产标准化建设纳入企业生产经营全过程，促进安全生产标准化建设的动态化、规范化和制度化，有效提高企业本质安全水平。

10. 企业安全生产标准化建设具有哪些特点？

与企业质量标准化、企业管理标准化、企业工作标准化相比，企业安全生产标准化建设具有以下鲜明的特点：

（1）强制性。依据《中华人民共和国安全生产法》及《国务院关于进一步加强安全生产工作的决定》（国发〔2004〕2号）等有关规定，企业必须开展安全生产标准化建设活动。

（2）群众性。安全生产标准化建设活动要求企业全体从业人员必须参与。无论是管理人员还是实际操作人员，都要结合各自的工种、岗位学习法律法规和技术标准，排查生产工艺过程、环节和操作行为存在的事故隐患，对不符合法律法规和技术标准的工艺、环节或操作行为进行改造、改进，以提高安全生产水平。

通过开展安全生产标准化建设活动，企业一方面系统培养和加强全体从业人员遵纪守法意识及“安全第一”“安全无小事”“我要安全”的安全生产意识；另一方面，使全体从业人员系统掌握与岗位相关的安全知识和隐患排查能力，以及应急自救和逃生技能。

（3）系统性。安全生产标准化建设活动覆盖企业生产经营的各个方面，不仅包括生产活动，而且包括管理活动；不仅包括各工艺环节的安全生产标准化，而且包括后勤保障各环节的安全生产标准化；不仅包括技术标准，而且包括操作规范；不仅涉及每个岗位的安全操作，而且涉及每个从业人员的责任和行动等。由此可见，安全生产标准化建设覆盖企业生产经营过程各个层面、各个岗位和人员，以实现全员、全过程、全方位安全生产。

（4）动态性。关于企业开展安全生产标准化建设活动的具体内容，每个行业、每个地区、每个企业都可以有所区别、各有特点。即使在同一企业，随着环境改变、科技发展以及企业自身的变化，安全生产标准化建设活动的内容也将逐步丰富、不断完善。在开展安全生产标准化建设活动过程中，允许并鼓励企业根据自身的实际情况和生产特点，按照学习、实践、改进、提高的模式，对开展安全生产标准化建设活动的形式、方式和具体内容进行动态调整、创新发展。

11. 国家对企业安全生产标准化建设工作有哪些部署?

2016 年 12 月,《中共中央　国务院关于推进安全生产领域改革发展的意见》(以下简称《意见》) 印发。《意见》共 6 部分 30 条，包括总体要求、健全落实安全生产责任制、改革安全监管监察体制、大力推进依法治理、建立安全预防控制体系和加强安全基础保障能力建设。《意见》对企业安全生产标准化建设提出明确要求："大力推进企业安全生产标准化建设，实现安全管理、操作行为、设备设施和作业环境的标准化。"

12. 企业在安全生产标准化建设过程中有哪些问题需要解决?

为了有效提升安全生产标准化管理水平，企业需要深入分析现阶段在安全生产标准化实际建设中存在的问题，找出原因，并积极整改。具体而言，多数企业现阶段在安全生产标准化建设过程中存在的问题，主要集中在安全生产意识、管理制度与考核制度 3 个方面。

（1）安全生产意识的问题。安全生产意识是企业安全生产标准化建设工作中必不可少的。近年来，企业的安全生产问题越来越受到社会的关注与重视，随着互联网科技的发展，人们获取生产安全事故信息的渠道越来越多，企业也越来越重视安全生产。在这样的背景下，仍有部分企业管理人员为了经济效益，在意识到安全生产重要性的情况下，抱有侥幸心理，未做好安全生产标准化建设工作，致使生产安全事故频频发生，严重危害从业人员的生命安全。此外，部分从业人员自身也缺乏对安全生产重要性的认知。通常情况下，若要在生产时保障安全，就要进行相应的准备工作，并在实际生产过程中按照标准化的流程和制度完成相关操作。这些标准化的生产步骤可最大限度地保障从业人员的安全，但会在一定程度上加重生产负担。因此，部分从业人员为了更快地完成工作，在企业管理不严格的情况下违规操作，并习惯性违章作业，致使自身处于风险中。同时，更有部分自身文化程度较低、生产经验较少的从业人员缺乏规范操作的技能和自我保护能力，导致种种不规范生产行为的发生。

（2）管理制度的问题。制度是一切工作顺利开展的重要依据，企业应高度重视。管理制度是保障安全生产标准化管理质量的重要前提，然而，部分企业在生产流程与管理制度的建设上仍不够完善，导致在实际的生产过程中，相关人员的操作缺少标准化的制度约束，存在随意操作的现象，进而导致生产安全事故频发，严重威胁从业人员的安全，破坏企业的正常生产秩序。具体来说，一方面，在实际的安全生产管理工作中，相应的安全生产管理制度未能建立并落实到位，在人员管理、目标管理、职责管理、组织机构、风险管理、规章制度、教育培训、工艺管理、设备管理等多方面，均未能形成有效的规范。

制度不够全面，执行不力，将导致企业的生产过程存在极大的风险。另一方面，企业并没有真正将安全生产标准化建设与实际生产结合起来，许多与安全生产标准化有关的法律法规和技术标准不能及时落实到位，更有部分企业认为自己已经建立了完善、安全的生产制度，但实际上，其所建立的制度并没有发挥积极有效的作用。

（3）考核制度的问题。为了更好地完成安全生产标准化建设工作，应加强对从业人员的管理，通过绩效考核工作，弥补从业人员在技术、经验、能力、素养方面可能存在的不足。现阶段，不少企业的基层从业人员受教育程度不高，文化水平有限，需要企业通过完善而严格的考核制度，对其在生产过程中的行为加以规范。然而，从实际情况来看，部分企业内部的绩效考核制度仍不完善，无法很好地发挥作用。一方面，考核制度本身不完善，与企业的生产实际不符，缺乏足够强的约束力，无法切实起到规范作用。另一方面，绩效考核人员的专业能力不足，对安全生产标准化建设内容的认知不够，在进行考核工作时，往往注重数量而忽视质量。

二、安全生产标准化与其他安全生产管理体系模式的对比

13. 除了安全生产标准化，还有哪些其他的安全生产管理体系？

除了安全生产标准化，安全生产领域还有其他安全生产管理体系，主要包括职业健康安全管理体系、EHS（环境、健康、安全）管理体系、安全生产双重预防机制等，这些安全生产管理体系之间互有交集和区别。广泛地了解各类安全生产管理体系，有助于更好地理解安全生产标准化的意义与内涵。

（1）职业健康安全管理体系。职业健康安全管理体系（occupational health and safety management system，OHSMS）是20世纪80年代后期在国际上兴起的现代安全管理模式，它与国际标准化组织ISO 9000和ISO 14000等标准体系一并被称为“后工业化时代的管理方法”。职业健康安全管理体系产生的主要原因是企业自身发展的要求。企业规模的扩大和生产集约化程度的提高，对企业的质量管理和经营模式提出了更高的要求。企业必须采用现代化的管理模式，使包括安全生产管理在内的所有生产经营活动科学化、规范化和法治化。

（2）EHS管理体系。EHS管理体系指的是环境（environment）、健康（health）和安全（safety）管理体系。EHS管理体系指企业采用的一系列规范、流程和实践，旨在确保其运营过程中对环境保护、从业人员的健康和安全有所考量和管理。EHS管理体系的目标是最大限度地减少或消除对环境造成的负面影响，同时确保从业人员在工作中不受伤害。它通常包括建立相关政策，制定标准操作程序，提供培训，监测和报告环境、健康和安全

方面的数据等措施。EHS 管理体系可以帮助企业减小事故风险，遵守法规要求，提升从业人员的工作满意度，并对企业的形象和社会责任产生积极影响。

（3）安全生产双重预防机制。安全生产双重预防机制在 2016 年首次提出，由风险分级管控与隐患排查治理两道“防火墙”共同构成。风险分级管控的目的在于检测并管控组织系统中的风险要素，发挥的作用表现为防止事故隐患的出现，遏制事故苗头；隐患排查治理的目的在于巩固风险分级管控的成果，即在风险管控不到位的情况下排除其产生的隐患，阻止其进一步恶化形成事故。2021 年，《中华人民共和国安全生产法》第三次修正后，安全生产双重预防机制正式入法，成为企业必须履行的法律责任。

14. 职业健康安全管理体系与安全生产标准化的不同点有哪些？

（1）职业健康安全管理体系采取自愿原则，安全生产标准化采取强制原则。

职业健康安全管理体系是通过周而复始地进行 PDCA（策划、实施、检查、改进）循环，使体系功能不断加强。企业应始终保持持续改进意识，对职业健康安全管理体系进行不断修正和完善，最终实现预防、控制生产安全事故伤害及健康损害的目标。企业是否实施《职业健康安全管理体系　要求及使用指南》（GB/T 45001—2020），是否进行职业健康安全管理体系认证，取决于企业自身意愿。

安全生产标准化要求企业具有健全且科学的安全生产责任制、规章制度与操作规程，并通过实施严格管理，使企业各个生产岗位、生产环节的安全生产工作符合有关安全生产法律法规、标准规范的要求，使生产始终处于安全状态，以适应企业发展的需要，满足广大从业人员对自身安全和文明生产的愿望。《国务院关于进一步加强企业安全生产工作的通知》(国发〔2010〕23号)明确指出，全面开展安全达标。深入开展以岗位达标、专业达标和企业达标为内容的安全生产标准化建设，凡在规定时间内未实现达标的企业要依法暂扣其生产许可证、安全生产许可证，责令停产整顿；对整改逾期未达标的，地方政府要依法予以关闭。

(2)职业健康安全管理体系是管理方法，安全生产标准化是管理标准。

职业健康安全管理体系是企业管理的一套行为和程序，也是企业对职业健康安全进行管理的规范。职业健康安全管理体系主要强调系统化的健康安全管理思想，通过建立一整套职业健康安全保障机制，控制和降低职业健康安全风险，最大限度地减少生产安全事故和职业病的发生。职业健康安全管理体系是与质量管理体系、环境管理体系并列的管理体系之一，与企业的其他活动及整体的管理是相容的。

安全生产标准化属于标准化工作，分为基础管理评价、现场设备设施安全评价、作业环境与职业健康评价3部分，其标准对每项管理活动、每台设备、每个作业环境都有明确的评价量值规定，据此判定企业是否达到安全生产标准。

(3)职业健康安全管理体系对认证没有强制要求，安全生产标准化对认证有强制要求。

职业健康安全管理体系适用于所有行业企业，旨在控制职业健康安全风险并提升绩效，但未提出具体的绩效准则，也未作出设计管理体系的具体规定。职业健康安全管理体系认证主体可以是一个组织或组织中的某个单元，并未强制要求认证主体在法律上是独立的。职业健康安全管理体系认证是在国家认证认可监督管理委员会监督下进行的，若企业无须第三方评审认证，可以依据《职业健康安全管理体系 要求及使用指南》（GB/T 45001—2020）进行职业健康安全管理体系的建立和自我评价，而不一定获取认证证书。当然，在实际工作中，大部分企业的职业健康安全管理体系是由第三方评审认证的。

安全生产标准化制定了适用于各类型企业的行业标准，从基础行业标准，逐渐补充、延伸到各行各业。企业安全生产标准化等级由高到低分为一级、二级和三级。安全生产标准化是强制性的，企业必须在一定时间内通过该行业的安全生产标准化评审，并经专门机构评审，以及应急管理部门批准，方可通过。

（4）职业健康安全管理体系侧重体系文件建设，安全生产标准化侧重现场设备设施达标。

职业健康安全管理体系需要体系文件支撑，体系中各个要素需要体系文件作为管理和支撑基础，如危险源辨识与评估、法律法规的识别与获取等。建立职业健康安全管理体系的企业应在内部建立一套相对完整的体系文件，包括管理手册、程序文件、三级文件（包括作业指导书等）3个层级，并对体系文件和记录的管理提出要求。虽然职业健康安全管理体系没有对管理手册的编制进行强制要求，但是关于职能的归属、管理人员的任命、各要素之间的关系等都需要管理手册来描述。因此，体系文件的建设非常关键。

安全生产标准化注重现场设备设施的达标。体系文件建设虽然是企业安全生产标准化建设的一部分，但占比很小。

（5）职业健康安全管理体系重点关注人的安全和健康，安全生产标准化重点关注与安全有关的人、财、物。

对人的安全和健康的关注是职业健康安全管理体系的目标和重点，即以人为本，从关注人的安全扩展到关注人的健康，从关注职业病发展到关注职业伤害，从关注人的行为健康发展到关注人的心理健康。

安全生产标准化关注安全的各个方面，即人的伤害、物的损耗、财产的损失等。

15. 职业健康安全管理体系与安全生产标准化的相同点有哪些?

（1）两者都强调预防为主、持续改进以及动态管理。

建立职业健康安全管理体系是企业安全生产管理从传统的经验型向现代化管理转变的具体体现，是安全生产管理从事后查处的被动型管理向事前预防的主动型管理转变的重要途径。通过建立职业健康安全管理体系，利用危险源辨识、风险评估、风险控制的科学方法和动态管理，可进一步明确重大事故隐患和重大危险源。通过持续改进，加强对重大事故隐患和重大危险源的整改和治理，不断改善生产现场作业环境，可降低职业健康安全风险，将企业有限的资源合理利用在风险高的地方。

安全生产标准化通过开展危险源辨识、评估与管理，以及对重要危险源制定应急预案，从源头上加强对风险的管理，采用动态管理方式，降低事故的发生概率，体现了“安全第一、预防为主、综合治理”的方针。安全生产标准化涉及安全生产的所有方面，侧重现场设备设施达标，依照法律法规、标准规范，提出具体要求，为安全生产管理设定清晰的界限和严格的标准。

（2）两者都强调遵守法律法规、标准规范。

安全生产标准化的考评条款根据相关法律法规、标准规范，以及与安全、健康有关的规定编制。企业开展安全生产标准化活动，就是以法律法规、标准规范为基础，把安全生产工作纳入法治化范畴。法律法规、标准规范是预测、衡量生产活动安全性、规范性、科学性的依据，是实现安全生产标准化的最基本保障。

遵守法律法规、标准规范也是职业健康安全管理体系的基本要求。企业通过管理、运行控制等活动，确保安全生产工作满足法律法规、标准规范的要求，并对法律法规、标准规范遵守情况进行监督，这与安全生产标准化活动的意图完全吻合。

16. EHS管理体系与安全生产标准化的不同点有哪些？

EHS管理体系和安全生产标准化都涉及对安全、健康和环境的管理，但在理念和执行方式上有一些区别。

（1）范围和内容不同。EHS管理体系更全面，不仅考虑生产过程中的安全，还包括对环境的管理和保护，即涵盖环境保护、人员健康和安全方面的管理。安全生产标准化更侧重生产过程中的安全，关注的焦点在安全管理、安全生产流程、应急预案等方面，着重于减少事故风险和保障生产安全。

（2）管理重点不同。EHS管理体系关注环境、健康、安全等多个方面，强调不同领域之间的关联性和综合性管理。安全生产标准化则更专注于生产安全的标准化和规范化，目的在于规范生产环节中的安全操作和控制。

（3）目标不同。EHS管理体系的目标是通过管理和控制环境、健康和安全方面的风险，保护环境和人员健康，遵守相关法规，提升企业形象，并保持可持续发展。安全生产标准化的目标在于规范和优化生产过程中的安全操作，降低事故风险，确保生产过程的安全性。

17. EHS管理体系与安全生产标准化的相同点有哪些？

虽然EHS管理体系和安全生产标准化在一些方面存在差异，但它们也有一些相似之处，具体如下：

（1）关注安全与健康。两者都关注从业人员的安全和健康，确保从业人员在工作过程中不受伤害，减少事故和职业病的发生。

（2）法规合规。两者都需要符合相关的法律法规、标准规范，以确保企业在合规方面符合要求。

（3）风险管理。两者都有关于辨识、评估和管理潜在风险的要求，以降低事故发生率，减少健康风险。

（4）持续改进。两者都强调持续改进和学习，鼓励企业不断优化其安全和健康管理体系，通过评估和改进来保障工作环境安全。

18. 安全生产双重预防机制与安全生产标准化的不同点有哪些?

安全生产双重预防机制是指在危险源和风险辨识的基础上，对不同等级的风险采取不同的控制措施，对潜在风险进行隐患排查并及早发现和治理，同时通过剖析重大事故发生发展的过程，把握重要环节，制定安全措施，以防止因安全风险防控不到位而演变成生产安全事故。安全生产双重预防机制是将安全风险分级管控和隐患排查治理这两个体系结合起来的生产安全事故预防管理工作制度，从安全风险分级管控和隐患排查治理两个不同维度出发，通过破解在安全生产中面临的“认不清”“想不到”“不会做”“做不好”的难题，达到“风险管理关口前移，重点下移，源头治理”的双重预防目的。

安全生产标准化是指企业通过落实安全生产主体责任，通过全员全过程参与，建立并保持安全生产管理体系，全面管控生产经营活动各环节的安全生产与职业健康工作，实现安全健康管理系统化、岗位操作行为规范化、设备设施本质安全化、作业环境器具定置化，并持续改进。

从安全生产双重预防机制和安全生产标准化的定义可知，两者在多个方面存在不同。

（1）涵盖范围。安全生产双重预防机制主要关注安全风险分级管控和隐患排查治理两个方面；安全生产标准化涉及更广泛的范围，包括设备设施、操作规程、从业人员培训和监督管理等多个方面。

（2）目标不同。安全生产双重预防机制旨在通过风险分级管控和隐患排查治理，最大限度地预防和减少事故的发生；安全生产标准化的目标是使企业的生产经营活动符合相关安全法律法规、标准规范的要求，从而确保工作场所的安全和稳定。

（3）侧重点不同。安全生产双重预防机制侧重事故预防和风险管理，强调在事故发生之前采取积极的措施来消除或降低事故发生的可能性；安全生产标准化则侧重建立可靠的安全生产管理体系，确保工作场所的安全和稳定。

（4）实施方式不同。安全生产双重预防机制主要通过风险分级管控和隐患排查治理措施来实施，涉及从业人员培训、设施设备维护、监测和管理等多个方面；安全生产标准化则通过制定和执行一系列标准和规范来实施，涉及设备设施、操作规程、从业人员培训和监督管理等多个方面。

安全生产标准化是企业做好安全生产工作最基础、最全面的工具，安全生产双重预防机制则强调做好安全生产标准化中的两个核心要素——风险分级管控和隐患排查治理，并对这两个要素提出了更细化、严格的要求。

19. 安全生产双重预防机制与安全生产标准化的相同点有哪些?

安全生产双重预防机制是安全生产标准化的重要组成部分，是其重要或核心要素；安全生产双重预防机制包含于安全生产标准化。根据安全生产双重预防机制与安全生产标准化的定义可知，两者存在多方面的相同点。

（1）目的。安全生产双重预防机制和安全生产标准化的最终目的都是实现安全生产，减少事故的发生，保障人身和财产安全。

（2）风险管控。安全生产双重预防机制和安全生产标准化都强调对风险的辨识、评估和控制，通过科学的方法和工具对企业的安全生产进行全面的风险评估，并采取有效的措施来降低风险。

（3）标准化管理。安全生产双重预防机制和安全生产标准化都要求企业制定相应的规章制度、操作规程、应急预案等，确保企业的安全生产实现规范化和标准化管理。

（4）持续改进。安全生产双重预防机制和安全生产标准化都强调对安全生产的持续改进，要求企业不断地对自身的安全生产进行评估和改进，不断地提高安全生产水平。

（5）预防为主。安全生产双重预防机制和安全生产标准化都强调预防为主的原则，要求企业加强预防措施的落实，及时

发现和消除事故隐患，做到预防为主、防消结合。

基于上述5个方面的相同点，在实际应用中，二者可以相互补充、相互促进，共同提高企业的安全生产管理水平。

20. 安全生产标准化与PDCA循环模式有什么联系？

PDCA循环即戴明管理理论或戴明循环。PDCA是英文单词plan（策划）、do（实施）、check（检查）、act（改进）的首字母，PDCA循环是按策划、实施、检查、改进顺序进行的科学性循环。PDCA循环4个过程的内涵如下：

（1）策划（plan）。确定目标，搜集资料，配备组织机构，完善管理制度以及制订活动计划和方案。

（2）实施（do）。落实活动计划和方案，进行宣传培训，并处理和整改实施过程中发现的问题，保证实施效果。

（3）检查（check）。根据标准规范，定期检查活动计划和方案的落实情况，评价实施效果，比较实施效果和预定目标的差异，分析问题并总结经验。

（4）改进（act）。将总结的成功经验标准化或制定作业指导书，纳入制度及规程；对于失败的教训进行针对性的处理和改进；将遗留的问题转入下一个PDCA循环中。

上述4个过程不是运行一次就结束，而是周而复始地进行，一个循环结束，解决一些问题，未解决的问题进入下一个循环，如此类推，在动态管理循环中不断改进。

PDCA循环是安全生产标准化的理论基础，企业可以采用PDCA的动态运行模式，结合自身特点，自主建立并保持安全生产标准化管理体系；通过内部及外部检查，来纠正、完善和达到安全生产标准化要求，从而提高安全生产管理水平，建立安全生产持续改进的长效机制。安全生产标准化的目标就是持续改进，通过PDCA循环把安全生产管理中的各项工作有机地联系起来，彼此协同和促进。

采用 PDCA 循环进行安全生产标准化的具体步骤：①分析现状，发现问题；②分析问题中的各种影响因素；③找出问题产生的主要原因；④针对主要原因，提出解决的措施并执行；⑤检查执行结果是否实现了预定的目标；⑥总结成功的经验，制定相应的标准；⑦把没有解决或新出现的问题转入下一个 PDCA 循环。

三、企业安全生产标准化建设与规范要求

21. 企业安全生产标准化建设流程是什么？

企业安全生产标准化建设流程主要包括策划准备及制定目标、教育培训、现状梳理、管理文件编制和修订、实施运行及整改、企业自评、评审申请、外部评审 8 个阶段。具体内容如下：

（1）策划准备及制定目标。成立领导小组，由企业主要负责人担任领导小组组长，所有相关职能部门的主要负责人作为成员，确保企业安全生产标准化建设的组织保障。同时，成立执行小组，由各部门负责人、工作人员共同组成，负责处理安全生产标准化建设过程中的具体问题。相关人员应学习并理解企业安全生产标准化基本规范和评定标准。此外，确定专业评定标准或评分细则，并确定外部支持。收集相关法律法规、标准规范，进行企业生产安全事故隐患排查，评估、汇总事故隐患。制定安全生产标准化建设目标，并根据目标制定推进方案。分解落实达标建设责任，确保各部门在安全生产标准化建设过程中任务分工明确，顺利完成各阶段工作，并制定考核办法。

（2）教育培训。教育培训有助于加强企业主要负责人及管理层对安全生产标准化建设工作重要性的认识，使其充分理解和重视安全生产标准化建设工作，加大推进力度，监督检查执行进度。同时，教育培训可使相关职能部门、人员掌握评定标准具体条款的要求，本部门、本岗位、相关人员应该做的工作，以及如何将安全生产标准化建设工作与日常管理工作相结合等。

（3）现状梳理。对企业安全生产标准化建设工作进行全面

梳理，找出存在的问题和薄弱环节，明确改进方向和重点，为安全生产标准化建设提供依据。

（4）管理文件编制和修订。根据现状梳理的结果，修订和完善企业的安全生产规章制度等文件，确保文件的适用性和可操作性。同时，编制安全生产标准化建设相关文件，如工作计划、实施方案、考核办法等，为工作的推进提供指导。

（5）实施运行及整改。按照修订和完善后的安全生产规章制度和安全生产标准化建设方案，对企业进行全面的风险管控，对存在的问题进行整改，确保安全生产管理的规范化、标准化。

（6）企业自评。在整改完成后，企业应自行组织专家或第三方机构进行安全生产标准化建设工作自评，检查是否实现预设的目标及达到标准要求。

（7）评审申请。自评结果达标后，企业应向相关部门申请外部评审，准备相关材料，包括安全生产标准化建设工作报告、自评报告等。

（8）外部评审。评审机构对企业进行全面的现场检查和评估，对存在的问题提出整改要求。

企业还应持续关注安全生产标准化建设工作的运行情况，及时发现和解决出现的问题和不足之处，不断改进和完善安全生产管理工作，确保企业安全生产标准化建设工作的持续性和有效性。企业应定期进行安全生产标准化建设工作评审，以确保安全生产管理工作的标准化。通过以上步骤，企业可以建立起完善的安全生产标准化管理体系，提高安全生产管理水平，实现安全生产的持续改进。同时，企业还应不断学习新的安全生产管理理念和方法，及时更新和完善安全生产管理制度，以适应不断变化的生产环境和管理要求。

22.《企业安全生产标准化基本规范》的制定和修订经历了怎样的过程?

2004 年，国务院印发《国务院关于进一步加强安全生产工作的决定》(国发〔2004〕2 号)，要求在全国所有工矿、商贸、交通运输、建筑施工等企业普遍开展安全质量标准化活动。为进一步深入贯彻落实国家关于安全生产的方针政策和法律法规，落实企业安全生产主体责任，全面推进企业安全生产标准化建设工作，使企业的安全生产工作有据可依、有章可循，2010 年 4 月 15 日国家安全生产监督管理总局发布了《企业安全生产标准化基本规范》，标准编号为 AQ/T 9006—2010。

原国家安全生产监督管理总局高度重视企业安全生产标准化建设工作的推动、实施，该标准实施后，在各级安全生产监督管理部门和相关行业主管部门的大力推动下，广大企业积极开展安全生产标准化创建工作。经过不断探索与实践，企业安全生产标准化工作在树牢安全发展理念、强化安全生产红线意识、夯实企业安全生产基础、推动落实企业安全生产主体责任、提升安全生产管理水平等方面发挥了重要作用，取得了显著成效。特别是《中华人民共和国安全生产法》将推进企业安全生产标准化建设列入其中，安全生产标准化建设成为企业的法定责任。安全生产标准化建设越来越受到企业的重视，成为提高企业本质安全水平、推进隐患排查治理和风险防控的基本措施;越来越受到各级党委、政府的重视，成为衡量企业负责人是否履行安全生产主体责任的重要依据。

为进一步引导、推动广大企业自主开展安全生产标准化建设，建立安全生产管理体系，健全完善安全生产长效机制，提升企业安全生产管理水平，2017 年 4 月 1 日，由国家安全生产监督管理总局提出的《企业安全生产标准化基本规范》正式实施，标准编号为 GB/T 33000—2016。

23.《企业安全生产标准化基本规范》的实施具有哪些重要意义？

（1）有利于进一步落实企业安全生产主体责任。《企业安全生产标准化基本规范》采用国际通用的 PDCA 循环模式，对企业安全生产工作的机构设置、安全生产投入、规章制度和操作规程、安全风险管理、隐患排查治理、重大危险源辨识和管理、绩效评定和持续改进等方面的内容作了具体规定，进一步明确了企业安全生产工作应该干什么和怎么干的问题，能够更好地引导企业落实安全生产主体责任，建立安全生产长效机制。

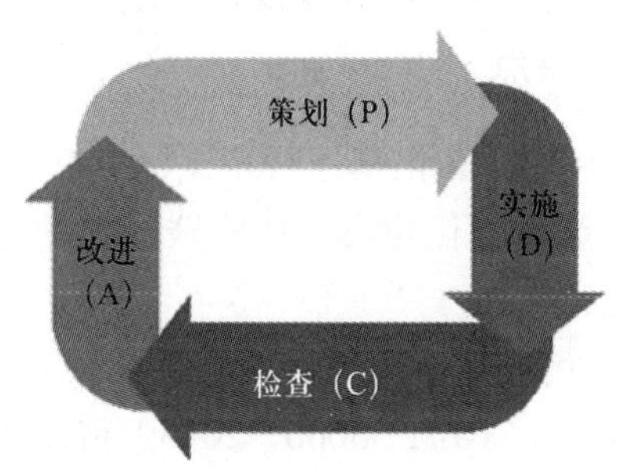

PDCA循环模式

（2）有利于进一步推进企业安全生产标准化建设工作。《企业安全生产标准化基本规范》实施以来，各地区按照《企业安全生产标准化基本规范》的要求，结合本地区企业安全生产实际，在煤矿、金属非金属矿山、危险化学品、烟花爆竹等高危行业开展了安全生产标准化创建活动，加强了安全生产基础工作。《企业安全生产标准化基本规范》总结了企业安全生产工作的共性特点，对“企业安全生产标准化”进行了规范化定义，对各行业、各领域具有广泛适用性，能够促进安全生产标准化建设工作在各行业的普遍开展。

（3）有利于进一步促进安全生产法律法规的贯彻落实。安全生产法律法规对安全生产工作提出了原则性要求，设定了各项法律制度。《企业安全生产标准化基本规范》是对这些原则性要求和法律制度内容的具体化和系统化，并通过运行使之成为企业的生产行为规范，从而更好地促进安全生产法律法规的贯彻落实。同时，《企业安全生产标准化基本规范》要求企业对安全生产标准化建设进行企业自评和评审单位评审，也能增强企业贯彻落实安全生产法律法规的积极性和主动性。

24.《企业安全生产标准化基本规范》（GB/T 33000—2016）具有哪些特点？

《企业安全生产标准化基本规范》（GB/T 33000—2016）在总结企业安全生产标准化建设工作实践经验的基础上，突出体现以下 3 个特点：

（1）突出了企业安全生产管理系统化要求。《企业安全生产标准化基本规范》（GB/T 33000—2016）贯彻落实国家法律法规、标准规范的有关要求，进一步规范从业人员的作业行为，提升设备设施本质安全水平，促进安全风险管控和隐患排查治理工作，有效夯实企业安全生产基础，提升企业安全生产管理水平，更加注重安全生产管理体系的建立、有效运行并持续改进，引导企业自主进行安全生产管理。

（2）调整了企业安全生产标准化管理体系的核心要素。为使一级要素的逻辑结构更具系统性，《企业安全生产标准化基本规范》（GB/T 33000—2016）将原来 13 个一级要素梳理为 8 个，即目标职责、制度化管理、教育培训、现场管理、安全风险管控及隐患排查治理、应急管理、事故管理和持续改进。《企业安全生产标准化基本规范》（GB/T 33000—2016）强调落实企业主要负责人及管理层责任、全员参与、构建双重预防机制等安全生产管理核心要素，指导企业实现安全健康管理系统化、岗位操作行为规范化、设备设施本质安全化、作业环境器具定置化，并持续改进。

（3）提出安全生产与职业健康管理并重的要求。《中共中央 国务院关于推进安全生产领域改革发展的意见》要求，企业对本单位安全生产和职业健康工作负全面责任，要严格履行安全生产法定责任，建立健全自我约束、持续改进的内生机制；建立企业全过程安全生产和职业健康管理制度；坚持管安全生产必须管职业健康。《企业安全生产标准化基本规范》（GB/T 33000—2016）将安全生产与职业健康要求一体化，强化企业职业健康主体责任的落实。同时，《企业安全生产标准化基本规范》（GB/T 33000—2016）实现了企业安全生产标准化管理体系与国际通行的职业健康管理体系的对接。

25.《企业安全生产标准化基本规范》（GB/T 33000—2016）的适用范围和一般要求是什么？

（1）适用范围。《企业安全生产标准化基本规范》（GB/T 33000—2016）规定了企业安全生产标准化管理体系建立、保持与评定的原则和一般要求，以及目标职责、制度化管理、教育培训、现场管理、安全风险管控及隐患排查治理、应急管理、事故管理和持续改进 8 个体系要素的核心技术要求。

《企业安全生产标准化基本规范》（GB/T 33000—2016）适用于工矿商贸企业开展安全生产标准化建设工作，有关行业制修订安全生产标准化标准、评定标准，以及对标准化工作的咨询、服务、评审、科研、管理和规划等。其他企业和生产经营单位等可参照执行。

（2）一般要求。一般要求包含以下3个方面的内容：

1）原则。企业开展安全生产标准化工作，应遵循“安全第一、预防为主、综合治理”的方针，落实企业主体责任。以安全风险管理、隐患排查治理、职业病危害防治为基础，以安全生产责任制为核心，建立安全生产标准化管理体系，实现全员参与，全面提升安全生产管理水平，持续改进安全生产工作，不断提升安全生产绩效，预防和减少事故的发生，保障人身安全健康，保证生产经营活动的有序进行。

2）建立和保持。企业应采用“策划、实施、检查、改进”的PDCA循环管理模式，依据相关标准的规定，结合企业自身特点，自主建立并保持安全生产标准化管理体系，通过自我检查、自我纠正和自我完善，构建安全生产长效机制，持续提升安全生产绩效。

3）自评和评审。企业安全生产标准化管理体系的运行情况，采用企业自评和评审单位评审的方式进行评估。

26.《企业安全生产标准化基本规范》（GB/T 33000—2016）的核心要素有哪些？

《企业安全生产标准化基本规范》（GB/T 33000—2016）内容全面，规定了8个体系要素的核心技术要求，实现了安全生产管理、安全现场环境、岗位操作和过程控制标准化的闭环建设与管理。《企业安全生产标准化基本规范》（GB/T 33000—2016）的核心要素见表3–1。

表 3–1 《企业安全生产标准化基本规范》（GB/T 33000—2016）的核心要素

一级核心要素	二级核心要素	三级核心要素
目标职责	目标	—
	机构和职责	机构设置
		主要负责人及管理层职责
	全员参与	—
	安全生产投入	—
	安全文化建设	—
	安全生产信息化建设	—
制度化管理	法规标准识别	—
	规章制度	—
	操作规程	—
	文档管理	记录管理
		评估
		修订
教育培训	教育培训管理	—
	人员教育培训	主要负责人和管理人员
		从业人员
		外来人员

续表

一级核心要素	二级核心要素	三级核心要素
现场管理	设备设施管理	设备设施建设
		设备设施验收
		设备设施运行
		设备设施检维修
		检测检验
		设备设施拆除、报废
	作业安全	作业环境和作业条件
		作业行为
		岗位达标
		相关方
	职业健康	基本要求
		职业病危害告知
		职业病危害项目申报
		职业病危害检测与评价
	警示标志	—
安全风险管控及隐患排查治理	安全风险管理	安全风险辨识
		安全风险评估
		安全风险控制
		变更管理

续表

一级核心要素	二级核心要素	三级核心要素
安全风险管控及隐患排查治理	重大危险源辨识与管理	—
	隐患排查治理	隐患排查
		隐患治理
		验收与评估
		信息记录、通报和报送
		预测预警
应急管理	应急准备	应急救援组织
		应急预案
		应急设施、装备、物资
		应急演练
		应急救援信息系统建设
	应急处置	—
	应急评估	—
事故管理	报告	—
	调查和处理	—
	管理	—
持续改进	绩效评定	—
	持续改进	—

27. 企业安全生产标准化建设对法律法规、标准规范的实施有哪些要求？

企业安全生产标准化建设对法律法规、标准规范的实施有如下要求：

（1）全员培训。企业应按照培训计划对全体从业人员进行安全生产法律法规、标准规范及其他要求的培训，并做好培训记录以备查。

（2）全面实施。企业应采取有效措施确保安全生产法律法规、标准规范的全面实施，包括但不限于确保人员的培训和意识提升，实施有效的管理和监督，以及定期进行安全检查和评估。

（3）全面覆盖。安全生产法律法规、标准规范的实施应涵盖企业生产经营的各个环节，包括但不限于设备维护保养、工艺操作、人员防护等。企业应充分利用班前班后会、知识竞赛、安全生产月、安全周等，以员工手册、宣传栏、手机短信等形式向从业人员广泛宣传安全生产法律法规、标准规范等的核心内容，提高全体从业人员的安全生产法律意识。

（4）严格遵守。企业在生产经营过程中要严格遵守、落实有关安全生产法律法规、标准规范及其他要求的规定，修订和完善有关安全生产规章制度和操作规章，保证其与安全生产法律法规、标准规范及其他要求的一致性，做到有章可循、有法必依。

（5）持续改进。企业应建立健全安全生产管理体系，并定期对现有安全生产法律法规、标准规范、规章制度、操作规程等进行评估，以发现并解决问题。

28. 安全生产标准化对企业规章制度和操作规程的修订有哪些要求?

《企业安全生产标准化基本规范》（GB/T 33000—2016）对于企业规章制度和操作规程的修订提出以下要求：

（1）企业应建立安全生产和职业卫生法律法规、标准规范的管理制度，明确主管部门，确定获取的渠道、方式，及时识别和获取适用、有效的法律法规、标准规范，建立安全生产和职业卫生法律法规、标准规范清单和文本数据库。

（2）企业应将适用的安全生产和职业卫生法律法规、标准规范的相关要求转化为本单位的规章制度、操作规程，并及时传达给相关从业人员，确保相关要求落实到位。

（3）企业应按照有关规定，结合本企业生产工艺、作业任务特点以及岗位作业安全风险与职业病防护要求，编制齐全适用的岗位安全生产和职业卫生操作规程，发放给相关岗位人员，并严格执行。

（4）企业应确保从业人员参与岗位安全生产和职业卫生操作规程的编制和修订工作。

（5）企业应在新技术、新材料、新工艺、新设备设施投入使用前，组织制修订相应的安全生产和职业卫生操作规程，确保其适宜性和有效性。

（6）企业应每年至少评估一次安全生产和职业卫生法律法规、标准规范、规章制度、操作规程的适用性、有效性和执行情况。

（7）企业应根据评估结果、安全检查情况、自评结果、评审情况、事故情况等，及时修订安全生产和职业卫生规章制度、操作规程。

（8）企业应每年至少对安全生产标准化管理体系的运行情况进行一次自评，检查安全生产和职业卫生管理目标、指标的完成情况。

29.《企业安全生产标准化建设定级办法》的主要内容包括哪些?

《企业安全生产标准化建设定级办法》（应急〔2021〕83 号）共 17 条，对企业安全生产标准化建设定级工作进行了规范，主要内容分为 3 个部分。

（1）适用范围、等级划分和定级权限。

1）《企业安全生产标准化建设定级办法》适用于全国化工（含石油化工）、医药、危险化学品、烟花爆竹、石油开采、冶金、有色金属、建材、机械、轻工、纺织、烟草、商贸等行业企业，不适用于矿山企业。

2）企业自愿申请安全生产标准化建设定级。

3）企业安全生产标准化等级由高到低分为一级、二级、三级。企业安全生产标准化定级标准由应急管理部按照行业分别制定。因行业种类众多，各地行业企业数量不同，应急管理部未制定企业安全生产标准化定级标准的，省级应急管理部门可以自行制定，也可以参照《企业安全生产标准化基本规范》（GB/T 33000—2016）配套的定级标准，在本行政区域内开展二级、三级企业定级工作。

4）分级负责。应急管理部为一级企业以及海洋石油全部等级企业的定级部门，省级和设区的市级应急管理部门分别为本行政区域内二级、三级企业的定级部门。

5）定级工作不得向企业收取任何费用。各级定级部门可以通过政府购买服务的方式确定安全生产标准化定级组织单位，以及委托有关单位负责现场评审等工作，也可以直接组织专家进行现场评审工作。

（2）定级程序。《企业安全生产标准化建设定级办法》明确了企业安全生产标准化定级按照自评、申请、评审、公示、公告的程序进行。

1）自评。企业自主开展安全生产标准化建设，建立并保持全员参与的安全生产管理体系。自评工作每年至少开展一次，应形成书面自评报告，持续改进安全绩效。

2）申请。申请定级的企业，依拟申请的等级向相应组织单位提交自评报告，由组织单位进行自评报告审核，并提出审核意见。

3）评审。由组织单位通知负责现场评审的相关单位成立现场评审组，在规定时间内完成现场评审，形成现场评审报告，初步确定企业是否达到拟申请的等级。企业对不符合项进行整改，并由现场评审组确认整改完成情况。

4）公示。定级部门将确认整改合格、符合相应定级标准的企业名单向社会公示，接受社会监督；组织核实反映企业不符合定级标准以及其他相关要求的问题。

5）公告。对公示无异议和经核实不存在所反映问题的企业，定级部门确认其等级，予以公告，并抄送同级工业和信息化等相关部门，加强部门联动。

（3）激励和监督保障措施。

1）激励政策。各级应急管理部门要协调有关部门采取有效措施，支持和鼓励企业开展安全生产标准化建设。将企业安全生产标准化建设情况作为分类分级监管的重要依据，对不同等级的企业实施差异化监管。对一级企业，减少执法检查频次，原则上不纳入安全生产政策性限产、停产范围，优先复产验收。加大对安全生产标准化等级企业在工伤保险、安全生产责任保险、信用等级评定、评先创优和安全文化示范企业创建等方面的支持力度。

2）监督受托方工作。各级定级部门对组织单位、负责现场评审单位及其人员工作过程和质量进行监督，发现审核把关不严、现场评审结论失实、报告抄袭雷同、存在明显错误等问题的，应约谈组织单位和负责现场评审单位的主要负责人；发现组织单位、负责现场评审单位及其人员参与被评审企业的标准

化培训、咨询相关工作，或收取企业费用、出具虚假报告等行为的，应取消组织单位或者负责现场评审单位的资格，依法依规严肃处理。

3）信息化保障。企业安全生产标准化定级各环节相关工作通过应急管理部的企业安全生产标准化信息管理系统进行。

四、企业安全生产标准化建设的核心要求

（一）目标职责与制度化管理

30. 如何制定安全生产标准化的目标？

企业应根据自身安全生产实际，制定文件化的总体和年度安全生产与职业卫生目标，并将其纳入企业总体生产经营目标。企业应明确目标的制定、分解、实施、检查、考核等环节要求，并按照所属基层单位和部门在生产经营活动中所承担的职能，将目标分解为指标，确保落实。

企业应定期对安全生产与职业卫生目标、指标实施情况进行评估和考核，并结合实际及时进行调整。

企业的安全生产和职业卫生目标管理是指企业在一个时期内，根据有关要求，结合自身实际，制定安全生产和职业卫生

目标并层层分解，明确责任、落实措施，定期考核、奖惩兑现，以实现安全生产和职业卫生目标。因此，企业应制定安全生产和职业卫生目标管理制度，从制度层面规定其从制定、分解到实施、考核等所有环节的要求，保证目标执行的闭环管理。该制度的覆盖范围应包括企业的所有部门、所属单位和全体从业人员。该制度可以单独建立，也可以和其他目标的制度融合在一起。

企业应按照安全生产和职业卫生目标管理制度的要求，制定具体的年度目标。各企业具体的目标不尽相同，但应该是合理且可以实现的。

31. 如何进行安全生产标准化的机构设置？

企业应落实安全生产组织领导机构，成立安全生产委员会，并按照有关规定设置安全生产和职业卫生管理机构，或配备相应的专职或兼职安全生产和职业卫生管理人员，按照有关规定配备注册安全工程师，建立健全从管理机构到基层班组的管理网络。

（1）企业成立安全生产委员会并非强制性要求，但是安全生产和职业卫生工作涉及企业生产和管理各个环节，成立安全生产委员会有助于协调、推进安全生产和职业卫生各项管理制度的建立和执行。企业的安全生产委员会是本企业安全生产组织领导机构，应由企业主要负责人和分管安全生产与职业卫生的负责人担任领导，成员包括企业其他部门分管领导和有关部门的主要负责人。企业安全生产委员会可设立办公室或办事机构，一般设立在企业安全生产和职业卫生管理机构内，负责处理安全生产委员会日常事务。

安全生产委员会主要职责：全面负责企业安全生产和职业卫生的管理工作，研究制订安全生产和职业卫生技术措施和劳动保护计划，实施安全生产和职业卫生检查和监督，调查处理安全生产和职业卫生事故等。

（2）企业安全生产和职业卫生管理机构、人员及其职责。根据法律法规的有关规定，企业安全生产和职业卫生管理机构的设置应满足以下要求：

1）矿山、金属冶炼、建筑施工、运输单位和危险物品的生产、经营、储存、装卸单位，应当设置安全生产和职业卫生管理机构或者配备专职安全生产和职业卫生管理人员。

2）其他生产经营单位，从业人员超过100人的，应当设置安全生产和职业卫生管理机构或者配备专职安全生产和职业卫生管理人员；从业人员在100人以下的，应当配备专职或者兼职的安全生产和职业卫生管理人员。

企业的安全生产和职业卫生管理机构以及安全生产和职业卫生管理人员应履行的职责如下：组织或者参与拟订本单位安全生产和职业卫生规章制度、操作规程及生产安全和职业卫生事故应急救援预案；组织或者参与本单位安全生产和职业卫生教育和培训，如实记录安全生产和职业卫生教育和培训情况；组织开展危险源辨识和评估，督促落实本单位重大危险源的安全管理措施；组织或者参与本单位应急救援演练；检查本单位的安全生产和职业卫生状况，及时排查生产安全和职业卫生事故隐患，提出改进安全生产和职业卫生管理的建议；制止和纠正违章指挥、强令冒险作业、违反操作规程的行为；督促落实本单位安全生产和职业卫生整改措施；组织或者参与本单位安全生产和职业卫生责任制的考核，提出健全完善安全生产和职业卫生责任制的建议；督促落实本单位安全生产和职业卫生风险管控措施和重大事故隐患整改治理措施；组织本单位安全生产和职业卫生检查，对检查发现的问题及生产安全和职业卫生事故隐患按照有关规定进行处理，并形成书面记录备查；法律法规规定的其他安全生产和职业卫生工作职责。

（3）企业注册安全工程师的设置。危险物品的生产、储存单位以及矿山、金属冶炼单位应当有注册安全工程师从事安全生产和职业卫生管理工作。鼓励其他生产经营单位聘用注册安全工程师从事安全生产和职业卫生管理工作。

32. 企业主要负责人及管理层职责有哪些?

企业主要负责人全面负责安全生产和职业卫生工作，并履行相应责任和义务。分管负责人应对各自职责范围内的安全生产和职业卫生工作负责。各级管理人员应按照安全生产和职业卫生责任制的相关要求，履行其安全生产和职业卫生职责。

其中，企业主要负责人的安全生产和职业卫生职责如下：建立健全并落实本单位安全生产和职业卫生责任制，加强安全生产标准化建设；组织制定并实施本单位安全生产和职业卫生规章制度和操作规程；组织制订并实施本单位安全生产和职业卫生教育培训计划；保证本单位安全生产和职业卫生投入的有效实施；组织建立并落实安全风险分级管控和隐患排查治理双重预防工作机制，督促、检查本单位的安全生产和职业卫生工作，及时消除生产安全和职业卫生事故隐患；组织制定并实施本单位的生产安全和职业卫生事故应急救援预案；及时、如实报告生产安全和职业卫生事故；负责本单位安全生产和职业卫生责任制的监督考核；定期研究安全生产和职业卫生工作，向职工代表大会、职工大会报告安全生产和职业卫生情况；建立健全本单位安全生产和职业卫生风险分级管控及生产安全和职业卫生事故隐患排查治理工作机制；推进本单位安全文化建设；配合有关人民政府或者部门开展生产安全和职业卫生事故调查，落实事故防范和整改措施。

33. 建立全员参与的责任制有何要求？

企业应建立健全安全生产和职业卫生责任制，明确各级部门和从业人员的安全生产和职业卫生职责，并对职责的适宜性、履行情况进行定期评估和监督考核。

企业应为全员参与安全生产和职业卫生工作创造必要的条件，建立激励约束机制，鼓励从业人员积极建言献策，营造全员重视安全生产和职业卫生的良好氛围，不断改进和提升安全生产和职业卫生管理水平。

安全生产和职业卫生责任制是根据我国的安全生产方针“安全第一、预防为主、综合治理”、安全生产和职业卫生法律法规以及“管生产经营必须管安全”原则，建立的各级

领导、职能部门、工程技术人员、岗位操作人员在劳动生产过程中对安全生产和职业卫生层层负责的制度，是对上述部门及人员在安全生产和职业卫生方面应负的责任加以明确规定的一项制度。安全生产和职业卫生责任制是企业岗位责任制的重要组成部分，是企业最基本的一项安全制度，也是企业安全生产和职业卫生管理制度的核心。实践证明，凡是建立健全了安全生产和职业卫生责任制的企业，各级领导重视安全生产和职业卫生工作，切实贯彻执行党的安全生产和职业卫生方针政策及安全生产和职业卫生法律法规，在认真负责地组织生产的同时，积极采取措施改善劳动条件，工伤事故和职业病就会减少。反之，职责不清，相互推诿，安全生产和职业卫生工作无人负责，工伤事故和职业病就会不断发生。

纵向方面，安全生产和职业卫生责任制实际上明确了企业全体从业人员的安全生产和职业卫生职责。在建立责任制时，应将本单位从主要负责人一直到岗位操作人员分成相应的层级，再结合本单位的实际工作，对不同层级的人员在安全生产和职业卫生中应承担的职责作出规定。横向方面，安全生产和职业卫生责任制即各职能部门（包括党、政、工、团）的安全生产和职业卫生职责。在建立责任制时，可按照本单位职能部门的设置（如安全、设备、计划、技术、生产、基建、人事、财务、设计、档案、培训、党办、宣传、工会、团委等部门），分别对其在安全生产和职业卫生中应承担的职责作出规定。

34. 安全生产投入是什么？具有什么意义？

保证必要的安全生产投入是实现安全生产的重要基础。《中华人民共和国安全生产法》规定，生产经营单位应当具备的安全生产条件所必需的资金投入，由生产经营单位的决策机构、主要负责人或者个人经营的投资人予以保证，并对由于安全生产所必需的资金投入不足导致的后果承担责任。生产经营单位必须安排适当的资金，用于改善安全生产设施，进行安全教育培训，更新安全技术装备、器材、仪器、仪表以及其他安全生产设备设施，以保证生产经营单位达到法律法规、标准规范规定的安全生产条件。

安全生产投入在企业经营中具有多方面的重要意义。第一，安全生产投入直接关系从业人员的健康与安全。通过购置和维护安全生产设备设施，提供相关教育培训，以及建立健全安全生产管理体系，企业能够有效减少工伤事故和职业病的发生，保障从业人员的生命安全和身体健康。第二，安全生产投入能够提升生产效率。通过降低事故率和减少生产中断，企业能够提高工作效率，减少事故导致的生产成本。这不仅有助于企业更加顺利地实现生产目标，还能够提升企业在市场中的竞争力。第三，安全生产投入还涉及合规管理的问题。企业需要遵守相关的法律法规，保证生产活动的合法性和规范性，避免面临法律风险，从而确保企业的稳健经营，提升其企业形象。第四，安全生产投入对企业的声誉产生积极影响。关注从业人员的健康与安全表明企业有高度的社会责任感，有助于企业建立积极的品牌形象。这不仅能够赢得从业人员和社会的尊重，也有助于建立与利害相关方的良好关系。

35. 安全生产投入主要包括哪些方面?

安全生产投入涵盖多个方面，不可或缺。建立科学的安全生产管理体系，保证安全生产投入，是企业可持续发展的必然要求。安全生产投入主要包括以下几个方面：

（1）安全生产费用。2022 年 11 月 21 日，财政部和应急管理部下发《关于印发〈企业安全生产费用提取和使用管理办法〉的通知》（财资〔2022〕136 号），对适用行业范围、安全生产费用使用范围、安全生产费用提取标准进行了相应的调整。

1）进一步扩大或调整了适用行业范围。一是新增了民用爆炸物品生产、电力生产与供应企业；二是调整了交通运输、冶金、机械制造 3 类行业（企业）范围；三是单列石油天然气开采企业。陆上采油（气）、海上采油（气）企业依据当月开采的石油、天然气产量提取安全生产费用，具体标准：每吨原油 20 元，每千立方米原气 7.5 元。钻井、物探、测井、录井、井下作业、油建、海油工程等企业按照项目或工程造价中的直接工程成本的 2% 逐月提取安全生产费用。

2）扩大了安全生产费用使用范围。根据近几年企业安全生产需求，将应急救援队伍建设、重大危险源检测、安全风险分级管控、事故隐患排查整改、安全生产信息化建设和运维、安全生产责任保险及从业人员发现并报告事故隐患的奖励等支出内容纳入使用范围。

3）调高了安全生产费用提取标准。适度调高了煤炭生产、非煤矿山开采、建设工程施工、危险品生产与储存、烟花爆竹生产、机械制造6类行业（企业）安全生产费用提取标准。一是煤炭生产企业煤（岩）与瓦斯（二氧化碳）突出矿井安全生产费用提取标准由吨煤30元提至吨煤50元，非煤矿山开采企业安全生产费用也有不同程度的调整。二是建设工程施工企业矿山工程、铁路工程、城市轨道交通工程、房屋建筑工程项目安全生产费用计提标准在原标准基础分别上调1.00%，水利水电工程、电力工程、冶炼工程等提取标准在原标准基础上调0.50%。三是危险品生产与储存企业上一年度营业收入不超过1 000万元的，安全生产费用计提标准由4.00%上调到4.50%；营业收入超过1 000万元至1亿元的部分，安全生产费用计提标准由2.00%上调到2.25%；营业收入超过1亿元至10亿元的部分，安全生产费用计提标准由0.50%上调到0.55%。四是机械制造企业上一年度营业收入不超过1 000万元的部分、营业收入超过1 000万元至1亿元的部分、营业收入超过1亿元至10亿元的部分，安全生产费用提取标准增幅分别为0.35%、0.25%、0.05%。

4）优化了安全生产费用监督管理机制。一是对企业安全生产费用使用计划和提取使用情况不再作备案要求。二是将企业安全生产费用专户核算规定调整为专项核算。三是明确要求监管部门建立安全生产费用定期统计制度，推动实现安全生产投入监督管理制度化、规范化和常态化。四是明确了追责条款，为监管部门监督检查执法提供依据。

（2）工伤保险费。工伤保险是职工在生产劳动过程中或在规定的某些特殊情况下遭受事故伤害或罹患职业病时，工伤职工或其近亲属能够从国家、社会得到必要的医疗救助和经济物质补偿的制度。这种补偿既包括医疗所需、康复所需，也包括生活保障所需。

工伤会给职工带来痛苦，给家庭带来不幸，也对用人单位乃至国家不利，因此国家通过立法，强制实施工伤保险，规定属于覆盖范围的用人单位必须依法参加并履行缴费义务。

为强化不同工伤风险类别行业相对应的雇主责任，充分发挥缴费费率的经济杠杆作用，促进工伤预防，减少工伤事故，工伤保险实行行业差别费率，并根据用人单位工伤保险支缴率和工伤事故发生率等因素实行浮动费率。

在我国，工伤保险费由用人单位按时缴纳，职工个人不缴费。用人单位缴纳工伤保险费的数额为本单位职工工资总额与单位缴费费率之积。对难以按照工资总额缴纳工伤保险费的行业，其缴纳工伤保险费的具体方式，由国务院社会保险行政部门规定。

《工伤保险条例》第二条规定："中华人民共和国境内的企业、事业单位、社会团体、民办非企业单位、基金会、律师事务所、会计师事务所等组织和有雇工的个体工商户（以下称用人单位）应当依照本条例规定参加工伤保险，为本单位全部职工或者雇工（以下称职工）缴纳工伤保险费。"工伤保险费的缴费基数为本单位职工工资总额。本单位职工工资总额是指用人单位直接支付给本单位全部职工的劳动报酬总额。根据国家统计局的有关规定，工资总额的组成包括 6 个部分：计时工资、计件工资、奖金、津贴和补贴、加班加点工资和特殊情况下支付的工资。工资总额不包括以下 3 个部分的费用：单位支付给职工个人的社会保险福利费用，如丧葬费、生活困难补助、计划生育补贴等；劳动保护方面的费用，如防暑降温费等；按规定未列入工资总额的各种劳动报酬和其他劳动收入，如稿酬、讲课费、资料翻译费等。

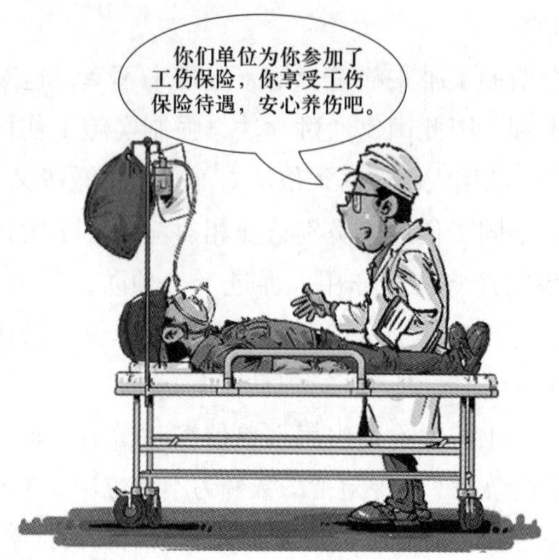

知识拓展

安全生产责任保险

安全生产责任保险是在综合分析、研究工伤保险、各种商业保险的基础上，借鉴国际上一些国家通行的做法和经验，提出来的带有一定公益性质、政府推动、立法强制实施、由商业保险机构专业化运营的新的保险险种和制度。它的特点是强调各方主动参与事故预防，积极发挥商业保险机构的社会责任和社会管理功能，运用行业的差别费率和企业的浮动费率以及预防费用机制，实现安全与保险的良性互动。推进安全生产责任保险的目的是将保险的风险管理职能引入安全监管监察体系，实现风险专业化管理与安全监管监察工作的有机结合，通过强化事前风险防范，最终减少事故发生，促进安全生产，提高安全生产突发事件的应对处置能力。

（1）参保企业及保险范围。原则上要求煤矿、非煤矿山、危险化学品、烟花爆竹、交通运输、建筑施工、民用爆炸物品、金属冶炼、渔业生产等高危行业领域推进投保安全生产责任保险，保险范围主要是生产安全事故死亡人员和伤残人员的经济赔偿、事故应急救援和善后处理费用等。对伤残人员的赔偿，可参考有关部门鉴定的伤残等级确定不同的赔付标准，并在保险产品合同中载明。

（2）保额的确定与调整。由各省（自治区、直辖市）根据本地区的经济发展水平和安全生产实际状况分别制定统一的保额标准。

（3）费率的确定与浮动。首次安全生产责任保险的费率可以根据本地区确定的保额标准和本地区、行业前 3 年生产安全事故死亡、伤残的平均人数进行科学测算。各地区、行业安全生产责任保险的费率根据上年安全生产状况每年浮动一次。具体费率执行标准及费率浮动办法由省级应急管理部门和煤矿安全监察机构会同有关保险机构共同研究制定。

（4）有关保险险种的调整与转换。安全生产责任保险与工伤保险是并行关系，安全生产责任保险是对工伤保险的必要补充。安全生产责任保险与意外伤害保险、雇主责任保险等其他险种是替代关系。企业已投保意外伤害保险、雇主责任保险等其他险种的，可以通过与保险公司协商，适时调整为安全生产责任保险，或到期自动终止，转投安全生产责任保险。

36. 什么是安全文化？怎样建设安全文化？

安全文化就是安全理念、安全意识以及在其指导下的各种行为的总称，主要包括安全观念、行为安全、系统安全、工艺安全等。安全文化主要适用于高技术含量、高风险操作型企业，在能源、电力、化工等行业内其重要性尤为突出。安全文化的核心是以人为本，这就需要将安全生产责任落实到企业全员的具体工作中，通过培育从业人员共同认可的安全价值观和安全行为规范，在企业内部营造自我约束、自主管理和团队管理的安全文化氛围，最终实现持续改善安全业绩、建立安全生产长效机制的目标。

建设企业安全文化，有助于保障从业人员身心安全和健康，使其能安全、舒适、高效地从事一切活动，预防、避免、控制事故和灾害（自然的或人为的）；有助于建立安全、可靠、和谐的环境和安全生产管理体系。企业安全文化建设的关键步骤如下：

（1）召开企业安全文化建设启动大会，颁布企业安全文化大纲。企业安全文化建设启动大会应强调安全文化建设的重要性，并介绍制定的安全文化大纲。安全文化大纲应包括企业的安全价值观、目标、行为准则等，以明确安全文化建设的方向和期望。

（2）用安全文化理念变革企业制度。将安全文化理念融入企业制度，确保企业制度与安全价值观一致。这一过程涉及修改和更新企业现有制度，以便更好地支持和促进安全文化的发展。

（3）引入公司形象元素，如标志、口号等，以传达企业的安全文化形象。这有助于在企业内外建立统一的安全文化形象，并提高企业从业人员和利害相关方的安全意识。

（4）编制企业从业人员文化手册，规范从业人员行为。制定一份详细的从业人员文化手册，涵盖安全文化的关键要点，包括行为准则、安全规定、紧急情况处理等。企业应确保从业人员了解并遵守这些规定，以构建安全、和谐的工作环境。

通过这些步骤，企业可以全面推动安全文化建设，使安全观念与企业发展相融合，进而提升从业人员的安全意识和整体安全水平。同时，这也有助于形成积极的企业形象，确保企业可持续发展，并增强其社会责任感。

37. 安全生产信息化建设的意义是什么？

在当今经济社会各领域，信息已经成为重要的生产要素，渗透到生产经营活动的全过程，融入安全生产管理的各环节。安全生产信息化就是利用信息技术，通过对安全生产领域信息资源的开发利用和交流共享，提高安全生产管理水平，推动安全生产形势稳定好转。安全生产信息化建设可极大地提高安全生产管理的效率，通过实施信息化手段，使安全生产管理过程实现自动化和智能化，从而提高工作效率并减少人为错误。安全生产信息化建设能够积累大量的安全生产数据，对这些数据进行深入分析，有助于及时发现事故隐患，进行风险评估和预警，有效预防生产安全事故的发生。

安全生产信息化建设有助于规范安全生产管理流程，确保各项安全措施得到有效落实，同时促进不同部门和单位之间的信息共享，提升整体的安全生产管理水平。在应急响应和事故处理方面，安全生产信息化系统可以实现快速响应，有效协调应急资源，减少事故造成的损失。随着法规政策的不断完善，安全生产信息化已成为企业合规经营的一个重要组成部分。企业应根据自身实际情况，利用信息化手段，加强安全生产管理，开展安全生产电子台账管理、重大危险源监控、职业病危害防治、应急管理、安全风险管控和隐患自查自报、安全生产预测预警等信息系统的建设。

38. 安全生产信息资源有哪些?

企业安全生产信息资源分为安全生产管理、监测监控、应急管理和职业卫生四大类，涵盖安全生产的各个关键方面。企业安全生产信息主要来源于企业内部安全生产各类业务运行所产生的数据资源。随着信息技术的发展，大数据、云计算等技术在安全生产信息管理中发挥着越来越重要的作用。通过有效的信息资源管理，企业不仅能够提高安全生产水平，还能够实现资源的优化配置，促进企业的可持续发展。

（1）安全生产管理类数据。企业安全生产管理类数据涉及安全生产标准化、隐患排查治理、培训教育管理和企业安全生产台账四大类。

1）安全生产标准化。此类信息资源主要包括安全生产标准化达标申请、安全生产标准化自评等。

2）隐患排查治理。此类信息资源主要包括隐患自查、隐患整改、隐患监督、隐患上报等。

3）培训教育管理。此类信息资源主要包括培训计划、培训材料、培训考试等。

4）企业安全生产台账。此类信息资源主要包括企业主要负责人台账，安全管理人员台账，特种作业人员培训、考核、持证台账，特种设备台账，危险源（点）监控管理台账，消防器配置台账等信息。

（2）监测监控类数据。监测监控类数据涉及重大危险源、安全生产在线监测等。

1）重大危险源。此类信息资源主要包括重大危险源基本信息备案、重大危险源地图等。

2）安全生产在线监测。此类信息资源主要包括企业安全生产环境的在线监测历史记录和实时数据、异常、预警等。

（3）应急管理类数据。应急管理类数据涉及应急预案、应急值守、应急资源、模拟演练等。

1）应急预案。此类信息资源主要包括企业和部门内部应急预案、应急预案备案结果等。

2）应急值守。此类信息资源主要包括值班信息、事件接报、事件处置、事件上报等。

3）应急资源。此类信息资源主要包括救援设施、救援物资、救援装备、救援力量等。

4）模拟演练。此类信息资源主要包括演练培训计划、演练过程记录、演练流程、演练效果评估等。

（4）职业卫生类数据。职业卫生类数据涉及职业卫生管理、劳动防护用品等。

1）职业卫生管理。此类信息资源主要包括企业职业卫生档案、职业卫生培训、工作场所职业病危害因素检测结果等。

2）劳动防护用品。此类信息资源主要包括特种劳动防护用品、一般劳动防护用品的配备与使用情况等。

39. 如何进行法规标准的识别与运用？

在现代企业管理中，人们对安全生产和职业卫生的重视程度日益增强，这不仅涉及企业的日常运营，还直接关系企业的合规性和社会责任。在这个背景下，企业对法规标准的识别与运用显得尤为重要。企业对法规标准的正确识别和有效运用，是确保安全生产和加强职业卫生管理的基础，同时也是遵循国家法律、防止法律风险的关键。

（1）识别。企业应建立安全生产和职业卫生法律法规、标准规范的管理制度，明确主管部门，确定获取的渠道、方式，及时识别和获取适用、有效的法律法规、标准规范，建立安全生产和职业卫生法律法规、标准规范清单和文本数据库。

（2）运用。企业应将适用的安全生产和职业卫生法律法规、标准规范的相关要求转化为本单位的规章制度、操作规程，并及时传达给相关从业人员，确保相关要求落实到位。企业应每年对适用的安全生产和职业卫生法律法规、标准规范进行一次符合性评价，消除违规现象和行为，从而确保企业及其从业人员、相关方能够按照法律法规的要求开展业务活动，保障安全生产和职业卫生。对于不符合的安全生产和职业卫生法律法规、标准规范，要及时进行标记和处理。

40. 如何建立安全生产和职业卫生规章制度？

企业安全生产和职业卫生规章制度是指企业依据国家有关法律法规、标准规范，结合企业生产经营实际，以企业名义起草、发布的有关安全生产和职业卫生的规范性文件。企业安全生产和职业卫生规章制度一般包括规程、标准、规定、措施、办法、制度、指导意见等。安全生产和职业卫生规章制度是企业贯彻国家有关安全生产和职业卫生法律法规、标准规范，以及安全生产方针政策的行动指南，是企业有效防范生产经营过程中的安全生产和职业卫生风险，保障从业人员安全和健康，加强安全生产和职业卫生管理的重要措施。

企业应建立健全安全生产和职业卫生规章制度，并征求工会及从业人员的意见和建议，规范安全生产和职业卫生管理工作。企业安全生产和职业卫生规章制度包括但不限于下列内容：目标管理，安全生产和职业卫生责任制，安全生产承诺，安全生产投入，安全生产信息化，“四新”（新技术、新材料、新工艺、新设备设施）管理，文件、记录和档案管理，安全风险管理、隐患排查治理，职业病危害防治，教育培训，班组安全活动，特种作业人员管理，建设项目安全设施、职业病防护设施“三同时”（建设项目安全设施、职业病防护设施与主体工程同时设计、同时施工、同时投入生产和使用）管理，设备设施管理，施工和检维修安全管理，危险物品管理，危险作业安全管理，安全警示标志管理，安全预测预警，安全生产奖惩管理，相关方安全管理，变更管理，劳动防护用品管理，应急管理，事故管理，安全生产报告，绩效评定管理。

41. 什么是安全生产和职业卫生操作规程？

安全生产和职业卫生操作规程是为了确保安全生产而制定的一套必须遵守的操作活动规则。这些操作规程是基于企业的生产性质、机器设备的特点和技术要求精心制定的，同时也融合了具体的操作情况和群众的实际经验。安全生产和职业卫生操作规程不仅是企业建立安全制度的基础文件，而且是进行安全教育培训的重要内容。简而言之，安全生产和职业卫生操作规程是保障企业日常安全、高效运作的核心要素。

安全生产和职业卫生操作规程详细规定了从业人员在操作机器设备、调整仪器仪表以及进行其他作业过程的具体程序和注意事项。这些操作规程明确了在操作过程中应该做什么、不该做什么，以及设施或环境应该保持的状态，从而为从业人员提供明确的安全操作行为规范。安全生产和职业卫生操作规程是企业规章制度的重要组成部分，有助于保障作业环境的安全与卫生，减少事故发生。此外，操作规程的制定还考虑了法律法规的要求，确保企业运作的合规性，进而保护从业人员的生命安全和身体健康。

42. 安全生产和职业卫生操作规程的内容和编制依据是什么?

安全生产和职业卫生操作规程的内容应该简练、易懂、易记，条目的先后顺序力求与操作顺序一致。

（1）操作规程一般包括以下几项内容：

1）操作前的准备。操作前的准备包括操作前做哪些检查，机器设备和环境应该处于什么状态，应做哪些调查，准备哪些工具等。

2）劳动防护用品的穿戴要求和穿戴方法。应明确应该和禁止穿戴的劳动防护用品种类等。

3）操作的先后顺序、方式。

4）操作过程中机器设备的状态，如手柄、开关所处的位置等。

5）操作过程需要进行的测试和调整及其方法。

6）操作人员所处的位置和操作时的规范姿势。

（2）编制操作规程时应遵循以下几点：

1）安全生产和职业卫生相关现行国家、行业标准和规范、安全规程等。

2）设备的使用说明书、工作原理资料及设计、制造资料。

3）曾经出现的危险、事故案例及与本项操作有关的其他不安全因素。

4）作业环境条件、工作制度、安全生产责任制等。

43. 如何进行文档的记录管理?

安全生产和职业卫生文档记录不仅是反映企业安全生产管理情况的重要手段，也是衡量企业安全生产管理水平的重要标准。这些文档记录了企业在安全生产和职业卫生方面的各项活动，包括日常的安全检查、事故处理、培训活动、设备维护等。

通过对这些文档的记录、积累和整理，企业不仅能够实现查询和检索文档功能，还能够通过这一过程进行自我督促，从而强化安全生产管理。

为了保障文档的质量，企业应指定专人负责安全生产和职业卫生文档记录。负责人员应确保资料收集及时、准确且全面，从而为企业提供可靠的决策支持和法律合规性保障。同时，企业应建立文件和记录管理制度，明确安全生产和职业卫生规章制度、操作规程的编制、评审、发布、使用、修订、作废以及文件和记录管理的职责、程序和要求。

此外，企业应建立健全主要安全生产和职业卫生过程与结果的记录系统，并建立和保存有关记录的电子档案，便于企业自身管理使用和行业主管部门调取检查。电子档案应该具备高度的安全性和可访问性，确保在需要时能够快速、准确地提供所需信息。

44. 如何进行文档的评估和修订?

（1）文档的评估。企业应将现有的和修订的安全生产和职业卫生法律法规、标准规范、规章制度、操作规程发放到各相关部门，以规范从业人员的安全行为。同时，企业应每年至少评估一次安全生产和职业卫生法律法规、标准规范、规章制度、操作规程的适宜性、有效性和执行情况。企业应根据发展情况及时制定适用的安全生产和职业卫生规章制度、操作规程，在出现以下情况后，及时对相关的规章制度或操作规程进行评估、修订，以保证即时性和适用性：

1）当国家安全生产法律法规、标准规范废止、修订或新颁布时。

2）当企业归属、体制、规模发生重大变化时。

3）当生产设施新建、扩建、改建时。

4）当工艺、技术路线和装置配备发生变更时。

5）当上级应急管理部门提出相关整改意见时。

6）当安全检查、风险评估过程中发现涉及规章制度层面的问题时。

7）当分析重大事故和重复事故原因，出现制度性因素时。

8）需要修订和评审的其他事项。

一般来说，应由企业安全生产和职业卫生管理机构负责组织相关管理人员、技术人员、操作人员和工会代表参加安全生产和职业卫生规章制度和操作规程的评估。

（2）文档的修订。企业应根据评估结果、安全检查情况、自评结果、评审情况、事故情况等，及时修订安全生产和职业卫生规章制度、操作规程，以规范从业人员的操作行为，控制风险，避免事故的发生。企业应根据生产情况以及工艺、原料、装置等的变更情况，及时对相关的岗位操作规程进行评估，需要时应进行修订，以确保规程的适用性和有效性。

新工艺、新技术、新装置投产前，企业相关部门应组织编制新的安全生产和职业卫生规章制度、操作规程，并发放到有关的岗位，以指导工作。无论是新制定还是修订后的安全生产和职业卫生规章制度、操作规程，除各部门使用落实外，均应提供副本存档。修订后的安全生产和职业卫生规章制度、操作规程应由企业主要负责人审批、签发。

（二）教育培训与现场管理

45. 企业如何进行安全教育培训管理？

根据《中华人民共和国安全生产法》的规定，企业应当对从业人员进行安全教育培训，保证从业人员具备必要的安全生产知识，熟悉有关的安全生产规章制度和安全操作规程，掌握本岗位的安全操作技能，了解事故应急处理措施，知悉自身在安全生产方面的权利和义务。未经安全教育和培训合格的从业人员，不得上岗作业。企业使用被派遣劳动者的，应当将被派遣劳动者纳入本企业从业人员统一管理，对被派遣劳动者进行岗位安全操作规程和安全操作技能的教育培训。劳务派遣单位应当对被派遣劳动者进行必要的安全教育培训。企业接收中等职业学校、高等学校学生实习的，应当对实习学生进行相应的安全教育培训，提供必要的劳动防护用品。学校应当协助企业对实习学生进行安全教育培训。

企业应建立健全安全教育培训制度，按照有关规定进行培训。培训大纲、内容、时间应符合有关标准的规定。

企业安全教育培训应包括安全生产和职业卫生的内容。

企业应明确安全教育培训主管部门，定期识别安全教育培训需求，制订、实施安全教育培训计划，并保障必要的安全教育培训资源。

企业应如实记录全体从业人员的安全教育培训情况，建立安全教育培训档案和从业人员个人安全教育培训档案，并对培训效果进行评估和改进。

46. 企业主要负责人及安全生产和职业卫生管理人员安全教育培训内容主要有哪些?

企业主要负责人及安全生产和职业卫生管理人员应具备与本企业所从事的生产经营活动相适应的安全生产和职业卫生知识与能力。

企业应对各级管理人员进行教育培训，确保其具备正确履行岗位安全生产和职业卫生职责的知识与能力。

（1）企业主要负责人安全教育培训应当包括下列内容：

1）国家安全生产方针政策，有关安全生产和职业卫生的法律法规、标准规范。

2）安全生产和职业卫生管理基本知识、安全生产技术、安全生产专业知识。

3）重大危险源管理、重大事故防范、应急管理和救援组织以及事故调查处理的有关规定。

4）职业病危害及其预防措施。

5）国内外先进的安全生产和职业卫生管理经验。

6）典型事故和应急救援案例分析。

7）其他需要培训的内容。

（2）企业安全生产和职业卫生管理人员安全教育培训应当包括下列内容：

1）国家安全生产方针政策，有关安全生产和职业卫生的法律法规、标准规范。

2）安全生产管理、安全生产技术、职业卫生等知识。

3）伤亡事故统计、报告及职业病危害的调查处理方法。

4）应急管理、应急预案编制以及应急处置的内容和要求。

5）国内外先进的安全生产和职业卫生管理经验。

6）典型事故和应急救援案例分析。

7）其他需要培训的内容。

企业主要负责人及安全生产和职业卫生管理人员初次安全培训时间不得少于32学时，每年再培训时间不得少于12学时。煤矿、非煤矿山、危险化学品、烟花爆竹、金属冶炼等企业主要负责人、安全生产和职业卫生管理人员初次安全培训时间不得少于48学时，每年再培训时间不得少于16学时。

47. 企业从业人员安全教育培训内容主要有哪些？

企业应对从业人员进行安全教育培训，保证从业人员具备满足岗位要求的安全生产和职业卫生知识，熟悉有关的安全生产和职业卫生法律法规、规章制度、操作规程，掌握本岗位的安全操作技能和职业病危害防护技能、事故隐患排查治理和风险管控方法，了解事故现场应急处置措施，并根据实际需要，定期进行复训考核。

未经安全教育培训合格的从业人员，不应上岗作业。

煤矿、非煤矿山、危险化学品、烟花爆竹、金属冶炼等企业应对新上岗的临时工、合同工、劳务工、轮换工、协议工等进行强制性安全培训，保证其具备本岗位安全操作、自救互救以及应急处置所需的知识和技能后，方能安排上岗作业。企业新入厂（矿）从业人员在上岗前应经过厂（矿）、车间（工段、区、队）、班组三级安全教育培训，岗前安全教育培训学时和内容应符合国家和行业的有关规定。

在新工艺、新技术、新材料、新设备设施投入使用前，企业应对有关从业人员进行专门的安全教育培训，确保其具备相应的安全操作、事故预防和应急处置能力。

从业人员在企业内部调整工作岗位或离岗一年以上重新上岗时，应重新进行车间（工段、区、队）和班组级的安全教育培训。

从事特种作业、特种设备作业的人员应按照有关规定，经专门安全培训并考核合格，取得相应资格后，方可上岗作业，并定期接受复审。

企业专职应急救援人员应按照有关规定，经专门应急救援培训，考核合格后，方可上岗，并定期参加复训。

其他从业人员每年应接受再培训，再培训时间和内容应符合国家和地方人民政府的有关规定。

48. 企业外来人员安全教育培训内容主要有哪些?

企业应对进入企业从事服务和作业活动的承包商、供应商的从业人员和接收的中等职业学校、高等学校实习生，进行入厂（矿）安全教育培训，并保存记录。

外来人员进入作业现场前，应由作业现场所在单位对其进行安全教育培训，并保存记录。安全教育培训主要内容包括外来人员入厂（矿）有关安全规定、可能接触的危害因素、所从事作业的安全要求、作业安全风险分析及安全控制措施、职业病危害防护措施、应急知识等。

企业应对进入企业检查、参观、学习等的外来人员进行安全教育，主要内容包括安全规定、可能接触的危害因素、职业病危害防护措施、应急知识等。

49. 企业设备设施建设、验收和运行应如何进行?

企业设备设施建设、验收和运行是一个复杂的过程，需要遵循一系列规定和标准，以确保设备设施安全、可靠和合法运行。

（1）设备设施建设。企业总平面布置应符合《工业企业总平面设计规范》（GB 50187—2012）的规定，建筑设计防火和建筑灭火器配置应分别符合《建筑设计防火规范》（GB 50016—2014）和《建筑灭火器配置设计规范》（GB 50140—2005）的规定，建设项目的安全设施和职业病防护设施应与建设项目主体工程同时设计、同时施工、同时投入生产和使用。

企业应按照有关规定进行建设项目安全评价、职业病危害评价，严格履行建设项目安全设施和职业病防护设施设计审查、施工、试运行、竣工验收等管理程序。

（2）设备设施验收。企业应执行设备设施采购、到货验收制度，购置、使用设计符合要求、质量合格的设备设施。设备设施安装后企业应进行验收，并对相关过程及结果进行记录。

设备安装单位必须建立设备安装工程资料档案，并在验收后将有关技术资料移交使用单位，使用单位应将其存入设备的安全技术档案。相关资料包括合同或任务书、设备的安装及验收资料、设备的专项施工方案和技术措施。

设备到货验收时，必须认真检查设备的安全性能是否良好，安全装置是否齐全、有效，还需查验厂家出具的产品质量合格证、设备设计的安全技术规范，检查安装及使用说明书等资料是否齐全。对于特种设备，除具备上述条件外，还必须有国家相关部门出具的检测报告。

设备验收时，应具备设备安装、拆卸及试验图示程序和详细说明书，各安全装置及限位装置调试和说明书，维修保养及运输说明书，安装操作规程，生产许可证（国家已经实行生产许可的设备）、产品鉴定证书、合格证书，配件及配套工具目录等技术文件。

设备安装后应能正常使用，符合有关规定和使用技术要求等。

（3）设备设施运行。企业应对设备设施进行规范化管理，建立设备设施管理台账。

企业应有专人负责管理各种安全设施以及检测与监测设备，定期检查、维护并做好记录。

企业应针对在生产、使用、储存过程中存在高温、高压、易燃、易爆、有毒、有害物质等高风险的设备设施，以及海洋石油开采特种设备设施和矿山井下特种设备设施，建立运行、巡检、保养的专项安全生产管理制度，确保其始终处于安全、可靠的运行状态。

安全设施和职业病防护设施不应随意拆除、挪用或弃置不用；确因检维修拆除的，应采取临时安全措施，检维修完毕后立即复原。

50. 企业设备设施的检维修、检测检验、拆除和报废有哪些要求？

企业设备设施的检维修、检测检验以及拆除、报废需要遵守一系列规定和标准。

（1）设备设施的检维修。企业应建立设备设施检维修管理制度，制订综合检维修计划，加强日常检维修和定期检维修管理，落实“五定”原则，即定检维修方案、定检维修人员、定安全措施、定检维修质量、定检维修进度，并做好记录。

检维修方案应包含作业安全风险分析、控制措施、应急处置措施及安全验收标准。检维修过程中应采取安全控制措施，隔离能量和危险物质，并进行监督检查，检维修后应进行安全确认。检维修过程中涉及危险作业的，应按照《企业安全生产标准化基本规范》（GB/T 33000—2016）执行。

（2）设备设施的检测检验。特种设备应按照有关规定，委托具有专业资质的检测检验机构进行定期检测检验。涉及人身安全、危险性较大的海洋石油开采特种设备和矿山井下特种设备，应取得矿用产品安全标志或相关安全使用证。

（3）设备设施的拆除、报废。企业应建立设备设施报废管理制度。设备设施的报废应办理审批手续，在报废设备设施拆除前应制定方案，并在现场设置明显的报废设备设施标志。报废、拆除涉及许可作业的，应按照相关标准规定执行，并在作业前对相关作业人员进行培训和安全技术交底。报废、拆除应按方案和许可内容组织落实。

知识拓展

实施特种设备检验机构核准的部门为国家市场监督管理总局和省级人民政府负责特种设备安全监督管理的部门。国家市场监督管理总局负责甲类检验机构A1级、A2级和省级人民政府、副省级城市人民政府设立的甲类检验机构B1级的核准；省级人民政府负责特种设备安全监督管理的部门负责所在地甲类检验机构B1级（国家市场监督管理总局负责核准的机构除外）、B2级，乙类检验机构和丙类检验机构的核准。

实施特种设备检测机构核准的部门为省级人民政府负责特种设备安全监督管理的部门。

法律提示

《中华人民共和国安全生产法》第三十九条规定，生产、经营、运输、储存、使用危险物品或者处置废弃危险物品的，由有关主管部门依照有关法律、法规的规定和国家标准或者行业标准审批并实施监督管理。生产经营单位生产、经营、运输、储存、使用危险物品或者处置废弃危险物品，必须执行有关法律、法规和国家标准或者行业标准，建立专门的安全管理制度，采取可靠的安全措施，接受有关主管部门依法实施的监督管理。

51. 企业应具备怎样的作业环境和作业条件?

企业应事先分析和控制生产过程及工艺、物料、设备设施、器材、通道、作业环境等存在的安全风险。

生产现场应实行定置管理，保持作业环境整洁。

生产现场应配备相应的安全、职业病防护用品（具）及消防设施与器材，按照有关规定设置应急照明、安全通道，并确保安全通道畅通。

企业应对邻近高压输电线路作业、危险场所动火作业、有（受）限空间作业、临时用电作业、爆破作业、封道作业等危险性较大的作业活动，实施作业许可管理，履行作业许可审批手续。作业许可应包含安全风险分析、安全及职业病危害防护措施、应急处置等内容。作业许可实行闭环管理。

企业应对作业人员的上岗资格、条件等进行作业前的安全检查，做到特种作业人员持证上岗，并安排专人进行现场安全管理，确保作业人员遵守岗位操作规程和落实安全及职业病危害防护措施。

企业应采取可靠的安全技术措施，对设备能量和危险有害物质进行屏蔽或隔离。

两个以上作业队伍在同一作业区域内进行作业活动时，不同作业队伍相互之间应签订管理协议，明确各自的安全生产、职业卫生管理职责和采取的有效措施，并指定专人进行检查与协调。

危险化学品生产、经营、储存和使用单位的特殊作业，应符合《危险化学品企业特殊作业安全规范》（GB 30871—2022）的规定。

52. 对企业从业人员的作业行为有哪些要求？

企业应依法合理进行生产作业组织和管理，加强对从业人员作业行为的安全管理，对设备设施、工艺技术以及从业人员作业行为等进行安全风险辨识，采取相应的措施，控制作业行为安全风险。

企业应为从业人员配备与岗位安全风险相适应的、符合《个体防护装备配备规范　第1部分：总则》（GB 39800.1—2020）规定的劳动防护用品，并监督、指导从业人员按照有关规定正确佩戴、使用、维护、保养和检查劳动防护用品。

企业应监督、指导从业人员遵守安全生产和职业卫生规章制度、操作规程，杜绝“三违”行为。“三违”行为具体内容如下：

（1）违章指挥。企业负责人和有关管理人员法治观念淡薄，缺乏安全意识，思想上存有侥幸心理，对国家、集体的财产和人民群众的生命安全不负责任，明知不符合安全生产有关条件，仍指挥作业人员冒险作业。

（2）违规作业。作业人员没有安全生产常识，不懂安全生产规章制度和操作规程，或者在知道基本安全生产常识的情况下，违反安全生产规章制度和操作规程，不顾国家、集体的财产和他人、自己的生命安全，擅自作业，冒险蛮干。

（3）违反劳动纪律。作业人员不了解或不遵守劳动纪律，冒险作业。

法律提示

《中华人民共和国安全生产法》第五十七条规定，从业人员在作业过程中，应当严格落实岗位安全责任，遵守本单位的安全生产规章制度和操作规程，服从管理，正确佩戴和使用劳动防护用品。

53. 如何做到安全作业岗位达标？

安全目标管理是企业安全生产管理的重要内容之一。在安全目标管理中，按照目标的层次性、可分性、多样性和阶段性原理，企业安全生产管理总目标需要分解成各层次、各部门的分目标，由上至下层层下达直至班组，由下至上一级保一级。通过分目标的实现，可以保证企业安全生产管理总目标的实现。班组安全目标管理就是指根据企业安全生产管理总目标和上一层次分目标的要求，把班组承担的各项安全生产管理责任转化为班组安全生产管理目标。

做到安全作业岗位达标，应做好以下几点：

（1）企业应建立班组安全活动管理制度，开展岗位达标活动，明确岗位达标的内容和要求。

（2）从业人员应熟练掌握本岗位安全职责、安全生产和职业卫生操作规程、安全风险及管控措施、劳动防护用品使用、自救互救及应急处置措施。

（3）各班组应按照有关规定开展安全生产和职业卫生教育培训、安全操作技能训练、岗位作业危险预知、作业现场隐患排查、事故分析等工作，并做好记录。

54. 企业相关方参与生产作业有哪些安全要求?

企业应建立承包商、供应商等安全管理制度，将承包商、供应商等相关方的安全生产和职业卫生纳入企业内部管理，对承包商、供应商等相关方的资格预审、选择、作业人员培训、作业过程检查监督、提供的产品与服务、绩效评估、续用或退出等进行管理。

企业应建立合格承包商、供应商等相关方的名录和档案，定期识别服务行为安全风险，并采取有效的控制措施。

企业不应将项目委托给不具备相应资质或安全生产、职业病防护条件的承包商、供应商等相关方。企业应与承包商、供应商等签订合作协议，明确规定双方安全生产及职业病防护的责任和义务。

企业应通过供应链关系促进承包商、供应商等相关方达到安全生产标准化要求。

法律提示

《中华人民共和国安全生产法》第四十九条规定，生产经营单位不得将生产经营项目、场所、设备发包或者出租给不具备安全生产条件或者相应资质的单位或者个人。

生产经营项目、场所发包或者出租给其他单位的，生产经营单位应当与承包单位、承租单位签订专门的安全生产管理协议，或者在承包合同、租赁合同中约定各自的安全生产管理职责；生产经营单位对承包单位、承租单位的安全生产工作统一协调、管理，定期进行安全检查，发现安全问题的，应当及时督促整改。

矿山、金属冶炼建设项目和用于生产、储存、装卸危险物品的建设项目的施工单位应当加强对施工项目的安全管理，不得倒卖、出租、出借、挂靠或者以其他形式非法转让施工资质，不得将其承包的全部建设工程转包给第三人或者将其承包的全部建设工程支解以后以分包的名义分别转包给第三人，不得将工程分包给不具备相应资质条件的单位。

55. 保障职业健康的基本要求有哪些？

企业应为从业人员提供符合职业卫生要求的工作环境和条件，为接触职业病危害的从业人员提供个人使用的职业病防护用品，建立健全职业卫生档案和健康监护档案。

产生职业病危害的工作场所应设置相应的职业病防护设施，并符合《工业企业设计卫生标准》（GBZ 1—2010）的规定。

企业应确保使用有毒、有害物品的工作场所与生活区、辅助生产区分开，工作场所不应住人。企业应确保有害作业与无害作业分开，高毒工作场所与其他工作场所隔离。

对可能发生急性职业病危害的有毒、有害工作场所，应设置检测报警装置，制定应急预案，配置现场急救用品、设备，设置应急撤离通道和必要的泄险区，定期检查监测。

企业应组织从业人员进行上岗前、在岗期间、特殊情况应急后和离岗时的职业健康检查，将检查结果书面告知从业人员并存档。检查结果异常的从业人员应及时就医，并定期复查。企业不应安排未经职业健康检查的从业人员从事接触职业病危害的作业，不应安排有职业禁忌的从业人员从事禁忌作业。从业人员的职业健康监护应符合《职业健康监护技术规范》

（GBZ 188—2014）的规定。

各种劳动防护用品、防护器具应定点存放在安全、便于取用的地方，建立台账，并有专人负责保管，定期校验、维护和更换。

涉及放射工作场所和放射性同位素运输、储存的企业，应配置防护设备和报警装置，为接触放射线的从业人员佩戴个人剂量计。

56. 什么是职业病危害告知？

企业与从业人员订立劳动合同时，应将工作过程中可能产生的职业病危害及其后果和防护措施如实告知从业人员，并在劳动合同中写明。

企业应按照有关规定，在醒目位置设置公告栏，公布有关职业病防治的规章制度、操作规程、职业病危害事故应急救援措施和工作场所职业病危害因素检测结果。对存在或产生职业病危害的工作场所、作业岗位、设备、设施，应在醒目位置设置警示标识和中文警示说明。使用有毒物品作业场所应设置黄色区域警示线、警示标识和中文警示说明；使用高毒物品作业场所应设置红色区域警示线、警示标识和中文警示说明，并设置通信报警设备。使用高毒物品作业岗位职业病危害告知应符合《高毒物品作业岗位职业病危害告知规范》（GBZ/T 203—2007）的规定。

57. 职业病危害项目申报及职业病危害检测与评价应如何进行？

（1）职业病危害项目申报。职业病危害项目是指存在职业病危害因素的项目。职业病危害因素按照《职业病危害因素分类目录》（国卫疾控发〔2015〕92 号）确定。

企业应按照有关规定，及时、如实向所在地应急管理部门申报职业病危害项目，并及时更新信息。

职业病危害项目申报工作实行属地分级管理的原则。中央企业、省属企业及其所属用人单位的职业病危害项目，向其所在地设区的市级人民政府应急管理部门申报。其他用人单位的职业病危害项目，向其所在地县级人民政府应急管理部门申报。

用人单位申报职业病危害项目时，应当提交职业病危害项目申报表和下列文件、资料：

1）用人单位的基本情况。

2）工作场所职业病危害因素种类、分布情况以及接触人数。

3）法律、法规和规章规定的其他文件、资料。

职业病危害项目申报同时采取电子数据和纸质文本两种方式。

用人单位应当首先通过“职业病危害项目申报系统”进行电子数据申报，同时将职业病危害项目申报表加盖公章并由本单位主要负责人签字后，按照相关规定，连同有关文件、资料一并上报所在地设区的市级、县级应急管理部门。受理申报的应急管理部门应当自收到申报文件、资料之日起 5 个工作日内，出具职业病危害项目申报回执。

（2）职业病危害检测与评价。企业应改善工作场所职业卫生条件，控制职业病危害因素的浓（强）度，具体浓（强）度应不超过《工作场所有害因素职业接触限值　第 1 部分：化学有害因素》（GBZ 2.1—2019）、《工作场所有害因素职业接触限值　第 2 部分：物理因素》（GBZ 2.2—2007）规定的限值。

企业应对工作场所职业病危害因素进行日常监测，并保存监测记录。存在职业病危害因素的，应委托具有相应资质的职业卫生技术服务机构进行定期检测，每年至少进行一次全面的职业病危害因素检测。职业病危害严重的，应委托具有相应资质的职业卫生技术服务机构，每 3 年至少进行一次职业病危害现状评价。检测、评价结果存入职业卫生档案，并向应急管理部门报告，向从业人员公布。

定期检测结果中职业病危害因素浓度或强度超过职业接触限值的，企业应根据职业卫生技术服务机构提出的整改建议，结合本单位的实际情况，制定切实有效的整改方案，立即进行整改。整改落实情况应有明确的记录并存入职业卫生档案备查。

58. 什么是警示标志？如何设置警示标志？

企业应按照有关规定和工作场所的安全风险特点，在有重大危险源、较大危险因素和严重职业病危害因素的工作场所，设置明显的、符合有关规定要求的安全警示标志和职业病危害警示标识。其中，警示标志的安全色和安全标志应分别符合《安全色》（GB 2893—2008）、《安全标志及其使用导则》（GB 2894—2008）的规定，道路交通标志和标线应符合《道路交通标志和标线》（GB 5768）系列标准的规定，工业管道安全标识应符合《工业管道的基本识别色、识别符号和安全标识》（GB 7231—2003）的规定，消防安全标志应符合《消防安全标志　第 1 部分：标志》（GB 13495.1—2015）的规定，工作场所职业病危害警示标识应符合《工作场所职业病危害警示标识》（GBZ 158—2003）的规定。安全警示标志和职业病危害警示标识应标明安全风险内容、危险程度、安全距离、防控办法、应急措施等内容。在有重大事故隐患的工作场所和设备设施上设置安全警示标志，应标明治理责任、期限及应急措施。在有安全风险的工作岗位设置安全告知卡，告知从业人员本企业、本岗位主要危险有害因素、事故后果、事故预防及应急措施、事故报告电话等内容。

企业应定期对警示标志进行检查维护，确保其完好有效。

企业应在设备设施施工、吊装、检维修等作业现场设置警戒区域和警示标志，在检维修现场的坑、井、渠、沟、陡坡等场所设置围栏和警示标志，进行危险提示、警示，告知危险的种类、后果及应急措施等。

（三）安全风险管控及隐患排查治理

59. 风险与隐患是什么关系？

风险是指生产安全事故或健康损害事件发生的可能性和后果严重性的组合。风险有两个主要特性，即可能性和后果严重性。可能性是指事故（事件）发生的概率。后果严重性是指事故（事件）一旦发生，将造成的人员伤害和经济损失的严重程度。风险可用公式表达：风险 = 可能性 × 后果严重性。

风险与隐患不是相对独立的关系，而是相互依存的动态关系。《危险化学品企业安全风险隐患排查治理导则》将事故隐患定义为“对安全风险所采取的管控措施存在缺陷或缺失时就形成事故隐患”，即风险点的管控措施缺失或出现了缺陷，则形成隐患，风险度相应提高（发生事故的可能性及事故的后果严重性分值均会升高）。如果隐患不能及时得以治理，则很可能导致事故发生；如果隐患得以治理，则风险度会随之降低。

要准确理解“把安全风险管控挺在隐患前面，把隐患排查治理挺在事故前面”这句话。有企业认为，风险管控不好出现隐患后，则风险转变成隐患，风险就不存在了。这是不对的。风险与隐患不是递进和取代关系，风险管控不好，可能出现隐患，但此时风险非但没有消失，反而变得更大。隐患不能及时得以治理，则很可能发生事故。从危险物质和能量存在，到事故发生的前一瞬间，无论管控措施是否存在缺陷或缺失，风险都是存在的。

相关链接

风险来自对危险源的辨识，一旦风险管控措施落实不到位，就会形成隐患，而隐患治理不到位将转化为事故。风险与隐患紧密联系，相互依存。隐患治理得当将回到安全状态，失治则形成事故。

相对风险作为作业环境中人、机、环的固有属性而言，隐患的定义强调了其产生的人为性。隐患的出现通常是企业违反相关规章制度的结果，即人的失误导致风险放大或不受管控，使其处于极易发生事故而造成损失的状态。与风险的客观性相比，隐患更富有主观性，这也表明只要条件充足，隐患是完全可以避免的。因此，对于隐患的处理，不应仅仅局限于辨识、评估后的管控，而应通过严密的排查，实现完全治理消除。

60. 企业如何进行安全风险辨识与评估?

通过识别生产经营活动中存在的危险有害因素，并运用定性或定量的统计分析方法确定其风险严重程度，进而确定风险控制的优先顺序和风险控制措施，以实现改善安全生产环境、减少和杜绝生产安全事故的目标。为实现以上目标而采取的一系列措施和规定被称为安全风险管理。

（1）安全风险辨识。企业应建立安全风险辨识管理制度，组织全员对本单位安全风险进行全面、系统的辨识。

安全风险辨识范围应覆盖本单位的所有活动及区域，并考虑正常、异常和紧急3种状态及过去、现在和将来3种时态。安全风险辨识应采用适宜的方法和程序，且与现场实际相符。

企业应对安全风险辨识资料进行统计、分析、整理和归档。

2016年4月28日，《国务院安委会办公室关于印发标本兼治遏制重特大事故工作指南的通知》（安委办〔2016〕3号）下发，明确要求着力构建安全风险分级管控和隐患排查治理双重预防性工作机制，主要内容如下：

1）健全安全风险评估分级和事故隐患排查分级标准体系。根据存在的主要风险隐患可能导致的后果并结合本地区、本行业领域实际，研究制定区域性、行业性安全风险和事故隐患辨识、评估、分级标准，为开展安全风险分级管控和事故隐患排查治理提供依据。

2）全面排查评定安全风险和事故隐患等级。在深入总结分析重特大事故发生规律、特点和趋势的基础上，每年排查评估本地区的重点行业领域、重点部位、重点环节，依据相应标准，分别确定安全风险“红、橙、黄、蓝”（红色安全风险最高级）4个等级，分别确定事故隐患为重大隐患和一般隐患，并建立安全风险和事故隐患数据库，绘制省、市、县以及企业安全风险等级和重大事故隐患分布电子图，切实解决“想不到、管不到”的问题。

3）建立实行安全风险分级管控机制。按照“分区域、分级别、网格化”原则，实施安全风险差异化动态管理，明确落实每一处重大安全风险和重大危险源的安全管理与监管责任，强化风险管控技术、制度、管理措施，把可能导致的后果限制在可防、可控范围之内。健全安全风险公告警示和重大安全风险预警机制，定期对红色、橙色安全风险进行分析、评估、预警。落实企业安全风险分级管控岗位责任，建立企业安全风险公告、岗位安全风险确认和安全操作“明白卡”制度。

4）实施事故隐患排查治理闭环管理。推进企业安全生产标准化和隐患排查治理体系建设，建立自查、自改、自报事故隐患的排查治理信息系统，建设政府部门信息化、数字化、智能化事故隐患排查治理网络管理平台并与企业互联互通，实现隐患排查、登记、评估、报告、监控、治理、销账的全过程记录和闭环管理。

（2）安全风险评估。企业应建立安全风险评估管理制度，明确安全风险评估的目的、范围、频次、准则和工作程序等。

企业应选择合适的安全风险评估方法，定期对所辨识出的存在安全风险的作业活动、设备设施、物料等进行评估。在进行安全风险评估时，至少应从影响人、机、环3个方面的可能性和后果严重性进行分析。

矿山、金属冶炼和危险物品生产、储存企业，每3年应委托具备规定资质条件的专业技术服务机构对本企业的安全生产状况进行安全评价。

安全风险评估又称安全评价，是指在风险辨识和估计的基础上，综合考虑风险发生的概率、损失程度以及其他因素，得出系统发生风险的可能性及其严重程度，并与公认的安全标准进行比较，确定企业的风险等级，由此决定是否需要采取控制措施，以及控制到什么程度。风险辨识和评估是风险评价的基础。只有在充分揭示企业所面临的各种风险和风险因素的前提下，才可能做出较为精确的评价。

企业在运行过程中，原来的风险因素可能发生变化，同时又可能出现新的风险因素。因此，进行风险辨识时，必须对企业进行跟踪，以便及时了解企业在运行过程中的风险和风险因素变化情况。

61. 企业如何进行安全风险控制和变更管理?

（1）安全风险控制。企业应根据安全风险评估结果及生产经营状况等，确定相应的安全风险等级，对安全风险进行分级分类管理，实施安全风险差异化动态管理，制定并落实相应的安全风险控制措施。

1）企业应根据风险评估的结果及经营运行情况等，确定不可接受的风险，制定并落实控制措施，将风险尤其是重大风险控制在可以接受的程度。企业在选择风险控制措施时，应考虑可行性、安全性、可靠性，风险控制措施应包括工程技术措施、管理控制措施、教育培训措施、个体防护措施等。

2）企业应将风险评估的结果及所采取的控制措施对从业人员进行宣传、培训，使其熟悉工作岗位和作业环境中存在的危险有害因素，掌握并落实应采取的控制措施。

（2）变更管理。变更管理是指对涉及人员、机构、工艺、技术、设施、作业过程及环境等的永久性或暂时性变化可能造成的安全风险进行有计划的控制，以避免或减轻对安全生产的影响。

1）企业主要负责人、部门安全负责人发生变更，应组织对变更人员进行相应的安全教育培训。必要时，经考核合格，取得相关安全证书，方可上岗。

2）安全生产管理人员、特种作业人员发生变更，应经安全培训并考核合格后，方可上岗。

3）操作人员发生变更，应书面通知相关部门进行相应的转岗安全教育培训。

4）管理机构发生变更，企业安全生产委员会应对安全生产责任制和相关的安全生产管理制度进行评审，并根据评审结果对安全生产责任制和相关的安全生产管理制度进行修订，对安全生产管理网络进行调整。

5）工艺、技术发生变更，变更管理部门应将变更的工艺、技术文件交技术人员审查，辨识变更过程可能产生的安全风险，制定相应的风险应对措施，并及时发放至各车间，并组织实施。实施完成后，必须通知技术人员验收，并形成文件存档。

6）设施、作业过程及环境发生变更，除应严格执行相关变更程序外，还必须将变更方案送至生产管理部门（当生产、设备、安全等相关人员自身不具备相应的专业知识时，可聘请相关安全专家）审查，对其可能产生的安全风险和隐患进行辨识、评估，提出安全生产改进意见或防范措施，并根据评审人员提出的改进意见或防范措施修订设施、作业过程及环境变更的实施方案。实施完成后，必须通知安全生产管理机构验收，并形成文件存档。

7）安全设施需要变更时，方案必须经企业安全生产委员会和设计单位书面同意，出具变更通知后实施变更。如有重大变更，必须报当地应急管理部门备案。

企业应制定变更管理制度。变更前应对变更过程及变更后可能产生的安全风险进行分析，制定控制措施，履行审批及验收程序，并告知和培训相关从业人员。

62. 什么是重大危险源?

参照国际劳工组织《预防重大工业事故公约》和我国的有关标准，危险源可定义为长期或临时地生产、加工、搬运、使用或储存危险物质，且危险物质的数量等于或超过临界量的单元。此处的单元是指一套生产装置、设施或场所，危险物质是指能导致火灾、爆炸或中毒、触电等危险的一种或若干物质的混合物，临界量是指法律法规、标准规范规定的一种或一类特定危险物质的数量。

根据《中华人民共和国安全生产法》，重大危险源是指长期地或者临时地生产、搬运、使用或者储存危险物品，且危险物品的数量等于或者超过临界量的单元（包括场所和设施）。

依据我国安全生产领域的相关规定，结合行业的工艺特点，从可操作性出发，可根据重大危险源所处的场所或设备设施对危险源进行分类。一般工业生产作业过程的危险源分为以下5类:

（1）易燃、易爆和有毒、有害物质危险源。

（2）锅炉及压力容器设施类危险源。

（3）电气设施类危险源。

（4）高温作业类危险源。

（5）辐射类危险源。

63. 如何进行危险源辨识、危险性评价和危险源监控？

（1）危险源辨识。危险源辨识是指发现、识别系统中的危险源。危险源辨识是危险源监控的基础，只有辨识危险源之后，才能有的放矢地考虑如何采取措施监控危险源。

一般按危险源在触发因素作用下转化为事故的可能性与事故后果的严重性进行危险源分级。按事故出现的可能性大小，危险源可分为非常容易发生、容易发生、较容易发生、不容易发生、难以发生、极难发生。根据危害程度，危险源可分为可忽略的、临界的、危险的、破坏性的。危险源也可按单项指标来划分等级。例如，高处作业根据作业高度（h_W，单位为米）将坠落事故危险源划分为 4 级（Ⅰ级为 $2\ m \leqslant h_W \leqslant 5\ m$；Ⅱ级为 $5\ m<h_W \leqslant 15\ m$；Ⅲ级为 $15\ m<h_W \leqslant 30\ m$；Ⅳ级为 $h_W>30\ m$），压力容器按压力指标可划分为低压容器、中压容器、高压容器、超高压容器 4 级。从监控管理角度，通常根据危险源的潜在危险性大小、控制难易程度、事故可能造成损失情况进行综合分级。

（2）危险性评价。危险性是指某种危险源导致事故，造成人员伤亡或财物损失的可能性。一般地，危险性包括危险源导致事故的可能性和一旦发生事故造成人员伤亡或财物损失的后果严重性两个方面。

系统危险性评价是对系统中危险源危险性的综合评价。危险源的危险性评价包括对危险源自身危险性的评价和对危险源监控措施效果的评价。

系统中危险源的存在是绝对的，任何工业生产系统中都存在若干危险源。受实际的人力、物力等方面因素的限制，不可能完全消除或控制所有的危险源，只能集中有限的人力、物力资源消除及控制危险性较大的危险源。在危险性评价的基础上，将危险源按其危险性的大小排序，可以为确定监控措施的优先次序提供依据。

（3）危险源监控。危险源的监控可从三方面进行，即技术监控、人行为监控和管理监控。

1）技术监控。技术监控是指采用技术措施对固有危险源进行监控，主要技术有消除、防护、隔离、控制、保留、转移等。

2）人行为监控。人行为监控是指监控人为失误，减少人不安全行为对危险源的触发作用。人为失误的主要表现形式：操作失误，指挥错误，不正确的判断或缺乏判断，粗心大意，厌烦，懒散，疲劳，紧张，错误使用劳动防护用品和防护装置等。进行人行为监控应先加强教育培训，提升人的安全意识，再使操作安全化。

3）管理监控。可采取的管理措施：建立健全危险源管理的规章制度；明确责任，定期检查；加强危险源的日常管理；加强信息反馈，及时整改隐患；做好危险源监控管理的基础建设工作；搞好危险源监控管理的考核评价和奖惩等。

64. 企业应如何进行隐患排查?

事故隐患是指企业违反安全生产法律法规、标准规范以及企业安全生产管理制度的规定或者因其他因素，在生产经营活动中存在可能导致事故发生的人的不安全行为、物的危险状态、环境的不安全因素和管理上的缺陷。

事故隐患分为一般事故隐患和重大事故隐患。一般事故隐患是指危害和整改难度较小，发现后能够立即整改消除的隐患。重大事故隐患是指危害和整改难度较大，需要全部或者局部停产停业，并经过一定时间整改治理方能消除的隐患，或者因外部因素影响致使企业自身难以消除的隐患。

企业应建立隐患排查治理制度，逐渐建立并落实从主要负责人到每位从业人员的隐患排查治理和防控责任制，并按照有关规定组织开展隐患排查治理工作，及时发现并消除事故隐患，实行事故隐患闭环管理。

企业应依据有关法律法规、标准规范等，组织制定各部门、岗位、场所、设备设施的隐患排查治理标准或排查清单，明确隐患排查的时限、范围、内容和要求，并组织开展相应的培训。隐患排查的范围应包括所有与生产经营相关的场所、人员、设备设施和活动，也包括承包商和供应商等相关服务范围。

企业应按照有关规定，结合安全生产的需要和特点，采用综合检查、专业检查、季节性检查、节假日检查、日常检查等不同方式进行隐患排查。对排查出的事故隐患，按照隐患的等级进行记录，建立事故隐患信息档案，并按照职责分工实施监控治理。企业应组织有关人员对本企业可能存在的重大事故隐患作出认定，并按照有关规定进行管理。

企业应将相关方排查出的事故隐患统一纳入本企业事故隐患管理。

65. 企业应如何治理事故隐患?

企业应根据隐患排查的结果，制定事故隐患治理方案，对事故隐患及时进行治理。

企业在隐患治理过程中，应采取相应的监控防范措施。事故隐患排除前或排除过程中无法保障安全的，应从危险区域内撤出作业人员，疏散可能危及的人员，设置警示标志，暂时停产停业或停止使用相关设备、设施，对暂时难以停产或者停止使用的相关设备、设施，应当加强维护和保养，防止事故发生。

对于一般事故隐患，由企业（车间、分厂、区队等）负责人或者有关人员按照责任分工立即或限期组织整改。

对于重大事故隐患，由企业主要负责人组织制定并实施事故隐患治理方案。重大事故隐患治理方案应当包括治理的目标和任务、采取的方法和措施、经费和物资的落实、负责治理的机构和人员、治理的时限和要求、安全措施和应急预案。

隐患治理完成后，企业应按照有关规定对治理情况进行评估、验收。重大事故隐患治理完成后，企业应组织本企业安全生产管理人员和有关技术人员进行验收或委托依法设立的为安全生产提供技术、管理服务的机构进行评估。

企业应如实记录隐患排查治理情况，至少每月进行一次统计分析，及时将隐患排查治理情况向从业人员通报。

企业应运用隐患自查、自改、自报信息系统，对隐患排查、报告、治理、销账等过程进行电子化管理和统计分析，并按照当地应急管理部门和有关部门的要求定期或实时报送统计分析表。

对于重大事故隐患，企业除依照规定报送统计分析表外，应当向应急管理部门和有关部门提交书面材料。重大事故隐患报送内容应当包括以下几点：

（1）隐患的现状及其产生原因。

（2）隐患的危害程度和整改难易程度分析。

（3）隐患的治理方案。

66. 企业应如何进行事故预测预警？

企业应根据生产经营状况、安全风险管理及隐患排查治理等情况，运用定量或定性的安全生产预测预警技术，建立体现企业安全生产状况及发展趋势的安全生产预测预警体系。

企业安全生产预测预警系统是指在全面辨识反映企业安全生产状况的指标基础上，通过隐患排查、风险管理及仪器仪表监控等安全方法，提前发现、分析和判断影响安全生产状况、可能导致事故发生的信息，定量化表示企业生产安全状况，及时发布安全生产预警信息，提醒企业全体从业人员注意，使企业及时、有针对性地采取预防措施控制事态发展，最大限度地降低事故发生概率及后果严重程度，从而形成具有预测预警能力的安全生产系统。

企业应结合安全生产标准化建设、隐患排查治理体系建设等工作，充分发挥安全生产预测预警系统对安全生产管理决策的支持作用。

企业应发动全员参与安全生产预测预警工作，将安全生产预测预警工作与日常安全生产管理工作有机结合。企业应每年至少对安全生产预测预警系统的运行情况总结一次，对预测预警指标的选取以及预测预警指数模型进行优化，使之更加符合企业的生产安全状况。当企业安全生产预测预警系统与安全生产实际运行情况出现偏差时，应及时调整预测预警系统相关指标，并重新调整预测预警指数模型。企业安全生产预测预警系统应包括预测预警指标选择、预测预警指标量化、预测预警指标权重确定、预测预警模型建立、预测预警指数图生成、预测预警报告发布、预测预警信息系统建立。

企业应选取符合本企业安全生产管理特点的预测预警指标，具体选取原则如下：

（1）从人、机、物、环、管理、事故等因素进行预测预警指标初筛。

（2）选取的预测预警指标应至少包含事故隐患、安全教育培训、应急演练及生产安全事故4项，同时可根据实际情况，增加符合企业生产安全特点的其他预测预警指标。事故隐患指标应至少包含事故隐患评估（事故隐患信息量化）、隐患等级、隐患整改情况3项。

企业应对预测预警指标数据进行量化，量化结果应与最终预测预警结果趋势相同。指标量化结果和预测预警结果数值越大，表示危险程度越高，则安全程度越低；数值越小，表示危险程度越低，则安全程度越高。各预测预警数据采集、数值确定应与预测预警周期保持一致，企业可根据实际情况选择以周或月为预测预警周期。

（四）应急管理、事故管理以及持续改进

67. 企业应如何建立应急救援组织？

根据《中华人民共和国安全生产法》的规定，企业应当制定本企业生产安全事故应急救援预案，与所在地县级以上地方人民政府组织制定的生产安全事故应急救援预案相衔接，并定期组织演练。危险物品的生产、经营、储存单位以及矿山、金属冶炼、城市轨道交通运营、建筑施工单位应当建立应急救援组织；生产经营规模较小的，可以不建立应急救援组织，但应当指定兼职的应急救援人员，并与邻近专业应急救援队伍签订应急救援服务协议。企业在建立应急救援队伍时可以从以下两方面着手：

（1）建立完善专家工作会商机制。充分发挥专家在应急管理工作中技术咨询和专业指导作用，根据需要，通过召开研判会、分析会、会商会等会议，组织相关专家对重大事件、敏感问题、重要工作进行研讨，提出相关对策和工作建议，形成突发事件趋势分析和对策报告，为科学决策提供有效参考。

（2）应急救援组织建设。企业应以文件形式明确建立与本企业安全生产特点相适应的（专职）应急救援组织，明确各级应急响应人员及其职责。企业应建立应急救援组织人员（含兼职）管理台账。应急救援组织应配备必要的应急装备、物资（如对讲机、抢险救援服、头戴式照明灯、急救包、有毒及可燃气体检测仪等），并保障其完好。责任部门应定期进行应急装备和物资的维护保养，定期参加应急预案演练等活动，并形成记录。

68. 应急预案是什么？应急预案有哪些类型？

应急预案是指面对突发事件如自然灾害、重特大事故、环境公害及人为破坏的应急管理、指挥、救援计划等。应急预案一般应建立在综合防灾规划基础上，其重要子系统包括完善的应急组织管理指挥系统，强有力的应急工程救援保障体系，综合协调、应对自如的相互支持系统，充分备灾的保障供应体系，体现综合救援的应急队伍等。企业应在开展安全风险评估和应急资源调查的基础上，建立生产安全事故应急预案体系，制定符合《生产经营单位生产安全事故应急预案编制导则》（GB/T 29639—2022）规定的生产安全事故应急预案，针对安全风险较大的重点场所（设施）制定现场处置方案，并编制重点岗位、人员应急处置卡。应急预案主要的类型如下：

（1）综合应急预案。综合应急预案是企业为应对各种生产安全事故而制定的综合性工作方案，是企业应对各种生产安全事故的总体工作程序、措施和应急预案体系的总纲。综合应急预案包括企业应急组织机构及职责、应急预案体系、事故风险描述、预警及信息报告、应急响应、保障措施、应急预案管理等内容。

（2）专项应急预案。专项应急预案是企业为应对某一种或多种类型生产安全事故，或者针对重要生产设施、重大危险源、重大活动等而制定的专项性工作方案。专项应急预案主要包括事故风险分析、应急组织机构及职责、处置程序和措施等内容。

（3）现场处置方案。现场处置方案是企业根据不同生产安全事故类别，针对具体场所、装置或设施所制定的应急处置措施。现场处置方案主要包括事故风险分析、应急工作职责、应急处置和注意事项等内容。企业应根据风险评估、岗位操作规程以及危险性控制措施，组织本企业现场作业人员及相关专业人员共同编制现场处置方案。

法律提示

《生产安全事故应急条例》规定，生产安全事故应急救援预案应当符合有关法律、法规、规章和标准的规定，具有科学性、针对性和可操作性，明确规定应急组织体系、职责分工以及应急救援程序和措施。

有下列情形之一的，生产安全事故应急救援预案制定单位应当及时修订相关预案：

（1）制定预案所依据的法律、法规、规章、标准发生重大变化；

（2）应急指挥机构及其职责发生调整；

（3）安全生产面临的风险发生重大变化；

（4）重要应急资源发生重大变化；

（5）在预案演练或者应急救援中发现需要修订预案的重大问题；

（6）其他应当修订的情形。

69. 企业在设置（配备）应急设施、装备、物资方面有哪些要求？

企业应根据可能发生的事故种类特点，按照规定设置应急设施，配备应急装备，储备应急物资，建立管理台账，安排专人管理，并定期检查、维护、保养，确保其完好、可靠。企业可以从以下几个方面做好应急物资的管理工作：

（1）严格按照“三分四定”制度进行管理，即应急物资储备分为携带物资、前运物资、留守物资 3 类，要定人、定位、定车、定量管理。

（2）坚持“预防为主、有备无患”的工作原则，结合所承担的应急任务，建立科学、经济、有效的应急物资储备和运行机制，确保应急物资计划、采购、储备、调用、补充等工作科学、有序开展。

（3）做好本级应急物资储备，结合物资特性和应急需求，统筹规划，实行实物储备，及时调整、补充。

（4）对不便保管、有效期短或不能及时从市场上购买的物资，可与企业签订储备合同，随时调用。

（5）完善网络平台，建立应急物资储备信息库，便于在需要的时候及时检索出所需要的物资生产、供应信息。

（6）加强对应急物资的科学购置、严格管理和及时发放，做到迅捷、保障有力。

70. 什么是应急演练？应急演练包括哪些内容？

应急演练是指针对事故情景，依据应急预案而模拟开展的预警行动、事故报告、指挥协调、现场处置等活动。在应急预案编制完成后应进行应急演练，在应急预案实施中也应该定期进行应急演练。应急演练是检验、评价和保持应急能力的一个重要手段，其目的包括检验预案、锻炼队伍、磨合机制、宣传教育、完善准备等。安全生产管理机构应当根据本单位的安排，积极组织本单位的应急演练，制定详细的工作方案，精心组织实施，确保应急演练取得效果。对于有关主管部门组织的区域应急演练，其中要求本单位参加的应急演练活动，或者本单位其他部门包括应急救援机构组织的应急演练，安全生产管理机构都应当积极参与，并积极配合做好应急演练的相关工作。应急演练包括以下内容：

（1）预警与报告。根据事故情景，向相关部门或人员发出预警信息，并向有关部门和人员报告事故情况。

（2）指挥与协调。根据事故情景，成立应急指挥部，调集应急救援队伍和相关资源，开展应急救援行动。

（3）应急通信。根据事故情景，在应急救援相关部门或人员之间进行音频、视频信号或数据信息互通。

（4）事故监测。根据事故情景，对事故现场进行观察、分析或测定，确定事故严重程度、影响范围和变化趋势等。

（5）警戒与管制。根据事故情景，建立应急处置现场警戒区域，实行交通管制，维护现场秩序。

（6）疏散与安置。根据事故情景，对事故可能波及范围内的相关人员进行疏散、转移和安置。

（7）医疗卫生。根据事故情景，调集医疗卫生专家和卫生应急队伍开展紧急医学救援，并开展卫生监测和防疫工作。

（8）现场处置。根据事故情景，按照相关应急预案和应急指挥部要求对事故现场进行控制和处理。

（9）社会沟通。根据事故情景，召开新闻发布会或事故情况通报会，通报事故有关情况。

（10）后期处置。根据事故情景，应急处置结束后，开展事故损失评估、事故原因调查、事故现场清理和相关善后工作。

（11）其他。根据相关行业（领域）安全生产特点设计其他应急功能。

71. 企业应如何进行应急处置?

发生事故后，企业应根据应急预案要求，立即启动应急响应程序，按照有关规定报告事故情况，并开展先期处置。

（1）发出警报，在不危及人身安全的情况下，现场人员应采取阻断或隔离事故源、危险源等措施；当严重危及人身安全时，现场人员应迅速停止现场作业，在采取必要的或可能的应急措施后撤离危险区域。

（2）现场人员应立即按照有关规定和程序报告本企业有关负责人，有关负责人应立即将事故发生的时间、地点、当前状态等简要信息向所在地县级以上地方人民政府负有安全生产监督管理职责的有关部门报告并按照有关规定及时补报、续报有关情况。情况紧急时，事故现场有关人员可以直接向有关部门报告。对可能引发次生事故灾害的，应及时报告相关主管部门。

（3）应研判事故危害及发展趋势，将可能危及周边生命、财产、环境安全的危险和防护措施等告知相关单位与人员。遇有重大紧急情况时，应立即封闭事故现场，通知本单位从业人员和周边人员疏散，采取转移重要物资、避免或减轻环境危害等措施。

（4）请求周边应急救援队伍参加事故救援，维护事故现场秩序，保护事故现场证据。

（5）准备事故救援技术资料，做好向所在地人民政府及其负有安全生产监督管理职责的部门移交救援工作指挥权的各项准备。

法律提示

根据《中华人民共和国突发事件应对法》第三条的规定，突发事件是指突然发生，造成或者可能造成严重社会危害，需要采取应急处置措施予以应对的自然灾害、事故灾难、公共卫生事件和社会安全事件。

按照社会危害程度、影响范围等因素，自然灾害、事故灾难、公共卫生事件分为特别重大、重大、较大和一般4级。法律、行政法规或者国务院另有规定的，从其规定。

72. 企业的应急评估程序是什么？应急评估包含哪些内容？

《生产安全事故应急条例》规定，按照国家有关规定成立的生产安全事故调查组应当对应急救援工作进行评估，并在事故调查报告中作出评估结论。企业的应急评估程序是指企业对应急准备、应急处置工作进行评估的程序。矿山、金属冶炼等企业，生产、经营、运输、储存、使用危险物品或处置废弃危险物品的企业，应每年进行一次应急准备评估。排除险情或事故应急处置后，企业应主动配合有关组织开展应急处置评估。

事故调查组应当单独设立应急处置评估组，专职负责对事故单位和事发地人民政府的应急处置工作进行评估。

应急评估应当包括以下内容：

（1）应急响应情况，包括事故基本情况、信息报送情况等。

（2）先期处置情况，包括自救情况、控制危险源情况、防范次生灾害情况。

（3）应急管理规章制度的建立和执行情况。

（4）风险评估和应急资源调查情况。

（5）应急预案的编制、培训、演练、执行情况。

（6）应急救援队伍、人员、装备、物资、资金保障等方面的落实情况。

法律提示

《中华人民共和国安全生产法》第八十六条规定，事故调查处理应当按照科学严谨、依法依规、实事求是、注重实效的原则，及时、准确地查清事故原因，查明事故性质和责任，评估应急处置工作，总结事故教训，提出整改措施，并对事故责任单位和人员提出处理建议。事故调查报告应当依法及时向社会公布。事故调查和处理的具体办法由国务院制定。

事故发生单位应当及时全面落实整改措施，负有安全生产监督管理职责的部门应当加强监督检查。

负责事故调查处理的国务院有关部门和地方人民政府应当在批复事故调查报告后一年内，组织有关部门对事故整改和防范措施落实情况进行评估，并及时向社会公开评估结果；对不履行职责导致事故整改和防范措施没有落实的有关单位和人员，应当按照有关规定追究责任。

73. 企业哪些人员负有报告事故的责任?

企业应建立事故报告程序，明确事故内外部报告的责任人、时限、内容等，并教育、指导从业人员严格按照有关规定的程序报告发生的生产安全事故。企业应妥善保护事故现场以及相关证据。事故报告后出现新情况的，应当及时补报。《中华人民共和国安全生产法》和《生产安全事故报告和调查处理条例》都明确规定了事故报告责任，负有报告事故责任的人员如下：

（1）事故现场有关人员。

（2）事故发生单位的主要负责人。

（3）应急管理部门及负有安全生产监督管理职责的有关部门。

（4）有关地方人民政府。

事故发生单位的主要负责人既有向县级以上人民政府应急管理部门报告的责任，又有向负有安全生产监督管理职责的有关部门报告的责任，即事故报告实行双报告制。

法律提示

《中华人民共和国安全生产法》第四十六条规定，生产经营单位的安全生产管理人员应当根据本单位的生产经营特点，对安全生产状况进行经常性检查；对检查中发现的安全问题，应当立即处理；不能处理的，应当及时报告本单位有关负责人，有关负责人应当及时处理。检查及处理情况应当如实记录在案。

生产经营单位的安全生产管理人员在检查中发生重大事故隐患，依照前款规定向本单位有关负责人报告，有关负责人不及时处理的，安全生产管理人员可以向主管的负有安全生产监督管理职责的部门报告，接到报告的部门应当依法及时处理。

74. 企业事故报告的程序和时限有何要求?

事故报告是一个自下而上的系统。事故发生单位主要负责人及时、准确报告事故是这个系统中极为重要的一环。如果事故发生单位主要负责人迟报、谎报或者瞒报事故，必然会引起连锁反应，导致以后环节中事故报告难以做到及时、准确，并影响事故救援的组织实施和事故调查。依照《生产安全事故报告和调查处理条例》的有关规定，发生生产安全事故的企业应当按照下列程序作出报告：

（1）事故发生后，事故现场有关人员应当立即向本单位负责人报告。情况紧急时，事故现场有关人员可以直接向事故发生地县级以上人民政府应急管理部门和负有安全生产监督管理职责的有关部门报告。

（2）单位负责人接到事故报告后，应当于1 h内向事故发生地县级以上人民政府应急管理部门和负有安全生产监督管理职责的有关部门报告。

（3）应急管理部门和负有安全生产监督管理职责的有关部门接到事故报告后，应当按照事故的级别逐级上报事故情况，并报告同级人民政府，通知公安机关、人力资源社会保障部门、工会和人民检察院，且每级上报的时间不得超过2 h。

75. 企业生产安全事故报告的内容有哪些?

根据《生产安全事故报告和调查处理条例》的有关规定，事故报告应当包括以下内容：

（1）事故发生单位概况。事故发生单位概况应当包括单位的全称、所处地理位置、所有制形式和隶属关系、生产经营范围和规模、持有各类证照的情况、单位负责人的基本情况以及近期的生产经营状况等。对于不同行业的企业，报告的内容应该根据实际情况来确定，但是应当以全面、简洁为原则。

（2）事故发生的时间、地点以及事故现场情况。报告事故发生的时间应当具体，并尽量精确到分钟。报告事故发生的地点要准确，除事故发生的中心地点外，还应当报告事故所波及的区域。报告事故现场的情况应当全面，不仅应当报告现场的总体情况，还应当报告现场的人员伤亡情况、设备设施的毁损情况；不仅应当报告事故发生后的现场情况，还应当尽量报告事故发生前的现场情况。

（3）事故的简要经过。事故的简要经过是对事故全过程的简要叙述。核心要求在于“全”和“简”。“全”就是要全过程描述，“简”就是要简单明了。描述要前后衔接、脉络清晰、因果相连。需要强调的是，由于事故的发生往往在一瞬间，对事故经过的描述应当特别注意事故发生前作业场所有关人员和设备设施的一些细节，因为这些细节可能就是引发事故的重要原因。

（4）事故已经造成或者可能造成的伤亡人数（包括下落不明的人数）和初步估计的直接经济损失。对于人员伤亡情况的报告，应当遵守实事求是的原则，不做无根据的猜测，更不能隐瞒实际伤亡人数。

（5）已经采取的措施。已经采取的措施主要是指事故现场有关人员、事故发生单位负责人、已经接到事故报告的安全生产管理机构为减少损失、防止事故扩大和便于事故调查所采取的应急救援和现场保护等具体措施。

（6）其他应当报告的情况。

事故报告后出现新情况的，应当及时补报。自事故发生之日起 30 日内，事故造成的伤亡人数发生变化的，应当及时补报。道路交通事故、火灾事故自发生之日起 7 日内，事故造成的伤亡人数发生变化的，应当及时补报。

76. 事故调查处理的基本要求是什么?

企业应建立内部事故调查和处理制度，按照有关规定、行业标准和国际通行做法，将造成人员伤亡（轻伤、重伤、死亡等人身伤害和急性中毒）和财产损失的事故纳入事故调查和处理范畴。

企业发生事故后，应及时成立事故调查组，明确其职责与权限，进行事故调查。事故调查应查明事故发生的时间、经过、原因、波及范围、人员伤亡情况及直接经济损失等。

事故调查组应根据有关证据、资料，分析事故的直接原因、间接原因和事故责任，提出应吸取的教训、整改措施和处理建议，编制事故调查报告。

企业应开展事故案例警示教育活动，认真吸取事故教训，落实防范和整改措施，防止类似事故再次发生。

企业应根据事故等级，积极配合有关人民政府开展事故调查。

77. 事故责任和责任人的认定应如何进行？

（1）事故责任的认定。查找事故原因的目的之一是确定事故责任。事故调查分析不仅要明确事故的原因，而且要确定事故责任，落实防范措施，确保不再出现同类事故，这是加强安全生产的重要手段。事故按性质可分为责任事故、非责任事故和人为破坏事故。

1）责任事故是指工作不到位导致的事故，是一种可以预防的事故。责任事故需要处理相应的责任人。

2）非责任事故是指一些不可抗拒的力量导致的事故。这些事故的原因主要是人类对自然的认识水平有限，需要在以后的工作中更加注意预防工作，防止同类事故再次发生。

3）人为破坏事故是指有人预先恶意地对机器设备或其他因素进行破坏，导致其他人在不知情的状况下发生事故。

（2）事故责任人的认定。事故的责任人主要包括直接责任人、领导责任人和间接责任人 3 种。

1）直接责任人是指与事故及其损失有直接因果关系，对事故发生以及导致一系列后果起决定性作用的人员。

2）领导责任人是指虽然没有直接导致事故发生，但其领导监管不力导致事故发生，需要承担责任的人员。

3）间接责任人是指与事故的发生具有间接关系，需要承担相应责任的人员。

78. 如何进行事故责任追究？

事故责任的确定是整个事故调查分析中最难的环节，因为责任确定的过程就是确定事故责任人的过程。对于事故调查组成员来说，无论处理谁都是不情愿的，但由于事故责任人必须受到处罚，事故调查组应公正地对待所有涉及事故的人员，公平、公正、科学、合理地确定相应的责任。凡因下述原因造成事故的，应首先追究企业主要负责人的责任：

（1）没有按规定对从业人员进行安全教育和技术培训，或未经考试合格就上岗操作的。

（2）缺乏安全技术操作规程或制度与规程不健全的。

（3）设备严重失修或超负载运转。

（4）安全措施、安全信号、安全标志、安全用具、劳动防护用品缺失或有缺陷的。

（5）对事故熟视无睹，不认真采取措施或挪用安全技术措施经费，致使重复发生同类事故的。

（6）对现场工作缺乏检查或指导错误的。

79. 企业如何进行事故管理？

企业应按照《企业职工伤亡事故分类》（GB/T 6441—1986）、《事故伤害损失工作日标准》（GB/T 15499—1995）的有关规定和国家、行业确定的事故统计指标开展事故统计分析。

根据《企业职工伤亡事故分类》（GB/T 6441—1986），企业伤害事故共分为 20 种，分别是物体打击、车辆伤害、机械伤害、起重伤害、触电、淹溺、灼烫、火灾、高处坠落、坍塌、冒顶片帮、透水、放炮、火药爆炸、瓦斯爆炸、锅炉爆炸、容器爆炸、其他爆炸、中毒和窒息、其他伤害。

《事故伤害损失工作日标准》（GB/T 15499—1995）详细规定了定量记录人体伤害程度的方法及伤害对应的损失工作日数值，适用于企业职工伤亡事故造成的身体伤害。

2016 年 7 月 27 日，国家安全生产监督管理总局办公厅印发了《生产安全事故统计管理办法》(安监总厅统计〔2016〕80号，以下简称《办法》)。根据《办法》的规定，生产安全事故原则上由县级安全生产监督管理部门(现为应急管理部门)归口统计、联网直报。个别跨县级行政区域的特殊行业领域生产安全事故统计信息，按照应急管理部和有关行业领域主管部门确定的生产安全事故统计信息通报形式，实行上级应急管理部门归口直报。《办法》明确要求，各级应急管理部门要真实、准确、完整、及时按照《国民经济行业分类》分类统计生产安全事故。符合核销条件的生产安全事故应当经过公示、备案，才能核销。各级应急管理部门应确保统计信息的真实性和完整性，并对本行政区域内生产安全事故统计工作进行监督检查。

80. 企业安全生产标准化的绩效评定应从哪些角度进行?

企业安全生产标准化工作实行企业自主评定、外部评审的方式。企业应当根据相关标准和有关评分细则，对本企业开展安全生产标准化工作情况进行评定，自主评定后申请外部评审定级。企业应每年至少对本单位安全生产标准化实施情况评定一次，验证各项安全生产制度措施的适宜性、充分性和有效性，检查安全生产和职业卫生管理目标、指标的完成情况。

(1)适宜性。所制定的各项安全生产制度措施是否符合企业的实际情况，所制定的安全生产和职业卫生管理目标、指标及其落实方式是否合理，新制度与原有的其他管理方式是否融合、相得益彰，有关的制度措施能否被从业人员接受并落实。

(2)充分性。各项安全生产制度措施是否满足安全生产标准化规范的全部管理要求；所有的管理措施、管理制度是否有效运行，对相关方的管理是否有效。

（3）有效性。所制定的安全生产制度措施能否保证实现企业的安全生产和职业卫生管理目标、指标；是否以隐患排查治理为基础，对所有排查出的隐患实施有效的治理与控制；能否有效监控重大危险源；通过安全生产标准化工作的推进，企业从业人员的安全意识是否提高，能否自觉遵守安全生产规章制度和操作规程；企业安全生产工作是否得到相应的推进。

企业主要负责人应对绩效评定工作全面负责。评定工作应形成正式文件，并将结果向所有部门、所属单位和从业人员通报，作为年度考评的重要依据。企业应落实安全生产报告制度，定期向业绩考核等有关部门报告安全生产情况，并向社会公示。

企业发生生产安全责任死亡事故后，应重新进行安全绩效评定，全面查找安全生产标准化管理体系中存在的缺陷。

81. 企业安全生产标准化应如何持续改进?

企业应根据安全生产标准化管理体系的自评结果和安全生

产预测预警系统所反映的趋势，以及绩效评定情况，客观分析企业安全生产标准化管理体系的运行质量，及时调整完善相关制度文件和过程管控，持续改进，不断提高安全生产绩效。

《企业安全生产标准化基本规范》（GB/T 33000—2016）对安全生产管理的一些具体环节提出持续改进的要求。除此之外，持续改进更重要的内涵是，企业负责人通过认真分析一定时期内的评定结果，及时将某些部门做得比较好的管理方式及管理方法在企业内部进行全面推广。

企业应对发现的系统问题及需要改进的方面及时做出调整和安排，在必要的时候，把握好合适的时机，及时调整安全生产和职业卫生管理目标、指标，或修订不合理的规章制度、操作规程，使企业的安全生产管理水平不断提升。

企业负责人还应根据安全生产预测预警指数，对比、分析、查找趋势升高、降低的原因，对可能存在的隐患及时进行分析、控制和整改，并提出下一步安全生产工作的关注重点。

五、企业安全生产标准化审核认证

82. 企业安全生产标准化如何分级?

企业安全生产标准化分级是指根据企业的安全生产管理水平和相关指标，将企业安全生产管理分为不同等级，以便对企业进行分类和评估，并针对不同等级企业制定相应的管理要求和标准。目的是促进企业安全生产管理水平不断提升，减少生产安全事故发生。

企业安全生产标准化等级分为一级、二级、三级，其中一级为最高级。达标等级具体要求由应急管理部按照行业分别确定。企业安全生产标准化定级实行分级负责。应急管理部为一级企业以及海洋石油全部等级企业的定级部门。省级和设区的市级应急管理部门分别为本行政区域内二级、三级企业的定级部门。

企业安全生产标准化各等级的要求和评分标准不同。下面对各等级进行介绍：

（1）安全生产标准化一级。一级是最高等级，其安全生产管理处于行业内先进水平。一级企业应具备完善的安全生产管理制度和规章制度，从业人员安全意识普遍较高，安全教育培训工作做得较好，设备设施维护保养情况良好，事故隐患排查和整改工作及时、有效，安全生产责任制落实到位。

（2）安全生产标准化二级。二级企业应具备安全生产管理制度和规章制度，从业人员安全意识较高，安全教育培训工作基本到位，设备设施维护保养较好，事故隐患排查和整改工作勉强达标，安全生产责任制基本得到落实。

（3）安全生产标准化三级。三级是最低等级，其安全生产管理处于行业内基础水平。三级企业应完善安全生产管理制度和规章制度，提高从业人员安全意识，加强安全教育培训工作，改进设备设施维护保养，加大事故隐患排查和整改力度，加强安全生产责任制的落实。

83. 企业如何进行安全生产标准化的自评？

企业安全生产标准化建设以企业自主创建为主，程序包括自评、申请、评审、公示、公告。企业应每年至少进行1次自评，自评报告应在企业内部进行公示。企业在完成自评后，以自愿为原则申请评审。

（1）自评准备。自评准备是企业自评的基础，是确保自评质量的重要一环。自评准备主要包括选择考评员、成立自评小组、确定抽样方法和比例、编制自评汇总表等环节。

1）选择考评员。企业自评的考评员一般从企业内部进行甄选。为了准确评估企业的安全生产达标水平，客观体现企业安全生产管理现状，企业的考评员最好事先通过安全生产标准化考评的培训，取得培训合格证书，并具备以下能力：熟悉安全生产有关法律法规以及本行业安全生产标准化规范、评定标准等；熟悉标准的整体架构、考评内容和考评流程，熟练掌握标准相关模块及要素的考评内容及抽样、检查方法、符合程度判定、扣分原则和方法；具备有关考评过程业务的工作能力，主要包括考评检查表、考评计划、抽样方案等策划编写能力，考评记录、资料的形成、收集和整理能力及对考评结果、报告的编制、汇总、分析能力。

2）成立自评小组。为使企业各部门配合开展安全生产标准化工作，自评应在企业主要负责人、安全生产分管负责人的领导下进行。企业应组成自评小组，安全生产管理机构及相关职能部门、工会或职工代表、注册安全工程师等参加。

自评小组可下设各专业自评小组。组长应由经过培训后确定的，熟悉安全生产标准化规范和考核评价准则方法，具备进行安全生产标准化自评所需能力的人员担任。分组方面，可根据企业的自评范围和内容，考虑考评人员的专业能力，确定自评小组分组或人员分工。

自评应编制自评计划，确定自评的目的、范围和依据，确定每个分组的考评计划，包括时间、地点、检查要素和检查对象等。为避免不同的分组到某一现场重复检查，在人员能力许可的前提下，可将同一现场的考评要素安排给一个分组进行检查。自评计划宜由企业安全生产分管负责人批准后下发。

3）确定抽样方法和比例。由于企业自评涉及的考核模块和要素样本量非常大，在企业自评时，一般采取随机抽样的方法进行自评要素的考评。随机抽样包括单纯随机抽样、系统抽样、整群抽样和分层抽样。其中，分层抽样是指先按对观察指标影响较大的某种特性，将总体分为若干个层级，再从每一层内随机取一定数量的观察单位，合起来组成样本。分层抽样具有样本代表性好、抽样误差小的优点，在安全生产标准化自评中应用广泛。

4）编制自评汇总表。企业在组织自评前，应先确认自评范围，自评对象的统计范围和数量不应有遗漏。其中，制度化管理部分应全要素考评，长期或经常在企业工作的相关方现场和设备设施、作业活动应纳入自评范围，现场管理规范中与企业无关的模块或要素可进行删减，最终确定企业的考评要素和应得分值，并统计每一要素考评涉及的人员、文件资料、设备设施、现场等，编制形成安全生产标准化自评汇总表。自评汇总表应体现企业涉及的模块要素，覆盖与企业相关的全部规范要求。

（2）自评实施。自评实施是各自评小组按安全生产标准化规范要求对企业的安全生产管理进行对标检查评价的过程。为确保考核评价的统一性和客观性，还需要注意以下事项：

1）自评前，自评小组应准备所需的考评检查表，建议编制各模块要素的考评检查表，将需考评的内容、方法等具体列出，并结合本单位实际编制，以便于现场检查时使用。

2）自评过程应保存记录。可将检查过程及发现的问题记录在考评检查表内，也可设计专门的记录表格，记录应由自评小组成员签字。在自评过程中如果发现事故隐患，应同时按本企业规定开出事故隐患整改单，要求责任部门限期整改。

3）自评内容应依据安全生产标准化各考评要素的适用范围确定，不能随意扩大、缩小或重复、交叉。

4）自评现场检查完成后，自评小组应根据检查情况打分，由自评小组汇总考核评价分值填入安全生产标准化自评汇总表，经自评小组成员签字、安全生产管理机构审核和安全生产分管负责人批准后，报上级公司和复评单位。

（3）汇总分析、整改问题。自评完成后，应形成企业自评报告，描述企业自评基本情况，分析自评存在的问题，确定企业安全生产管理薄弱环节，通过专项排查治理、安排资金预算、列入安全技术措施计划或方案中集中整改等方式，不断提高企业的安全生产标准化水平。同时，企业应将自评发现的问题在第一时间按各部门职责进行整理分类，并下发给相关责任部门，要求责任部门举一反三，对存在的问题进行排查，定人、定措施、定期限，按计划完成相关整改。整改情况应跟踪验证，保存记录，形成企业安全生产标准化自评整改情况汇总表，报上级公司、应急管理部门和评审单位。

84. 申请安全生产标准化评审有哪些条件?

（1）以企业自愿申请为原则。申请安全生产标准化定级的企业，在上报自评报告的同时，提出评审申请。

（2）申请安全生产标准化定级的企业应当在自评报告中，由其主要负责人承诺符合以下条件：

1）依法应当具备的证照齐全有效。

2）依法设置安全生产管理机构或者配备安全生产管理人员。

3）主要负责人、安全生产管理人员、特种作业人员依法持证上岗。

4）申请定级之日前1年内，未发生死亡、总计3人及以上重伤或者直接经济损失总计100万元及以上的生产安全事故。

5）未发生造成重大社会不良影响的事件。

6）未被列入安全生产失信惩戒名单。

7）前次申请定级被告知未通过之日起满1年。

8）被撤销标准化等级之日起满1年。

9）全面开展隐患排查治理，发现的重大隐患已完成整改。

（3）申请一级企业的，还应当承诺符合以下条件：

1）从未发生过特别重大生产安全事故，且申请定级之日前5年内未发生过重大生产安全事故、前2年内未发生过生产安全死亡事故。

2）按照《企业职工伤亡事故分类》（GB/T 6441—1986）、《事故伤害损失工作日标准》（GB/T 15499—1995），统计分析年度事故起数、伤亡人数、损失工作日、千人死亡率、千人重伤率、伤害频率、伤害严重率等，并自前次取得标准化等级以来逐年下降或者持平。

3）曾被定级为一级，或者被定级为二级、三级并有效运行3年以上。

85. 如何进行企业安全生产标准化的定级评审？

企业安全生产标准化定级按照自评、申请、评审、公示、公告的程序进行。

（1）自评。企业应当自主开展安全生产标准化建设，成立由其主要负责人任组长、有职工代表参加的工作组，按照生产流程和风险情况，对照所属行业标准化定级标准，将本企业标准和规范融入安全生产管理体系，做到全员参与，实现安全健康管理系统化、岗位操作行为规范化、设备设施本质安全化、作业环境器具定置化。每年至少开展一次自评工作，并形成书面自评报告，在企业内部公示不少于10个工作日，及时整改发现的问题，持续改进安全绩效。

（2）申请。申请定级的企业，依拟申请的等级向相应组织单位提交自评报告，并对其真实性负责。

组织单位收到企业自评报告后，应当根据下列情况分别做出处理：

1）自评报告内容存在错误、不齐全或者不符合规定形式的，在5个工作日内一次书面告知企业需要补正的全部内容；逾期不告知的，自收到自评报告之日起即为受理。

2）自评报告内容齐全、符合规定形式，或者企业按照要求补正全部内容后，对自评报告逐项进行审核。对符合申请条件的，将审核意见和企业自评报告一并报送定级部门，并书面告知企业；对不符合的，书面告知企业并说明理由。

审核、报送和告知工作应当在10个工作日内完成。

（3）评审。定级部门对组织单位报送的审核意见和企业自评报告进行确认后，由组织单位通知负责现场评审的单位成立现场评审组在20个工作日内完成现场评审，将现场评审情况及不符合项等形成现场评审报告，初步确定企业是否达到拟申请的等级，并书面告知企业。

企业收到现场评审报告后，应当在20个工作日内完成不符合项整改工作，并将整改情况报告现场评审组。特殊情况下，经组织单位批准，整改期限可以适当延长，但延长的期限最长不超过20个工作日。

现场评审组应当指导企业做好整改工作，并在收到企业整改情况报告后10个工作日内采取书面检查或者现场复核的方式，确认整改是否合格，书面告知企业，并由负责现场评审的单位书面告知组织单位。

企业未在规定期限内完成整改的，视为整改不合格。

（4）公示。组织单位将确认整改合格、符合相应定级标准的企业名单定期报送相应定级部门；定级部门确认后，应当在本级人民政府或者本部门网站向社会公示，接受社会监督，公示时间不少于7个工作日。

公示期间，收到企业存在不符合定级标准以及其他相关要求问题反映的，定级部门应当组织核实。

（5）公告。对公示无异议或者经核实不存在所反映问题的企业，定级部门应当确认其等级，予以公告，并抄送同级工业和信息化、人力资源社会保障、国有资产监督管理、市场监督管理等部门和工会组织，以及相应银行保险和证券监督管理机构。

对未予公告的企业，由定级部门书面告知其未通过定级，并说明理由。

86. 什么是安全生产标准化的证书和牌匾?

（1）安全生产标准化证书。安全生产标准化证书是指企业在安全生产方面达到国家标准化组织制定的一定要求并通过评审后颁发的证书。该证书是企业安全生产管理水平的重要证明。经公告的企业，由相应的评审组织单位颁发相应等级的安全生产标准化证书，有效期为3年。证书由应急管理部统一监制，统一编号。

1）一般企业证书编号规则。一般企业证书编号规则：地区简称+字母“AQB”+行业代号+发证年度+顺序号。一级企业及海洋石油天然气二级、三级企业无地区简称，二级、三级企业的地区简称为省、自治区、直辖市简称。一级、二级、三级企业的级别代号分别为罗马数字“Ⅰ”“Ⅱ”“Ⅲ”。顺序号为5位数字，从00001开始顺序编号。企业安全生产标准化证书行业代号详见表5–1。

表5–1　企业安全生产标准化证书行业代号

行业	代号
金属非金属矿山	KS
石油天然气	SY
选矿厂	XK
采掘施工单位	CJ
地质勘探单位	DZ
危险化学品	WH
化工	HG
医药	YY
烟花爆竹	YH
冶金	YJ
有色金属	YS
建材	JC
机械	JX
轻工	QG
纺织	FZ
烟草	YC
商贸	SM

例如，2014 年某机械制造安全生产标准化一级企业的证书编号为“AQBJXⅠ201400001”。2014 年北京市某机械制造安全生产标准化二级企业的证书编号为“京 AQBJXⅡ201400001”。2014 年北京市某机械制造安全生产标准化三级企业的证书编号为“京 AQBJXⅢ201400001”。

2）小微企业证书编号规则。小微企业证书编号规则：地区简称 + 字母“AQB” + “XW” + 发证年度 + 顺序号。顺序号为 6 位数字，从 000001 开始顺序编号。例如，2014 年北京市某小微企业安全生产标准化证书编号可表示为“京 AQB XW 2014000001”。

（2）安全生产标准化牌匾。安全生产标准化牌匾是指用于展示企业安全生产标准化达标情况的一种装饰性牌匾，主要包括标准化达标牌和安全生产示范牌两类。

安全生产标准化达标牌是为严格遵循安全生产标准，达到国家规定的标准化要求的企业颁发的一种荣誉。安全生产标准化达标牌的设立，旨在表彰在安全生产方面做出了重要贡献，且有效推动了安全生产标准化工作的企业。安全生产标准化达标牌上会印刷单位名称、标志和标准化达标标识等信息，以突出企业的成就和荣誉。

安全生产示范牌是为在安全生产方面表现突出、为他人树立了榜样的单位颁发的一种荣誉。安全生产示范牌的设立，旨在鼓励各单位发挥示范带头作用，倡导安全文化，推动全社会形成安全生产的良好氛围。安全生产示范牌上会印刷单位名称、标志和安全示范标识等信息，以展示单位的表现和影响力。

经公告的企业，由相应的评审组织单位颁发相应等级的安全生产标准化牌匾，有效期为 3 年。牌匾由应急管理部统一监制，统一编号。

牌匾编号与证书编号一致，发证时间与证书颁发时间中的年、月一致。

87. 什么情况下安全生产标准化的等级会被撤销?

各级应急管理部门在日常监管执法工作中，发现企业存在以下情形之一的，应当立即告知并由原定级部门撤销其等级。原定级部门应当予以公告并同时抄送同级工业和信息化、人力资源社会保障、国有资产监督管理、市场监督管理等部门和工会组织，以及相应银行保险和证券监督管理机构。

（1）发生生产安全死亡事故的。

（2）连续 12 个月内发生总计重伤 3 人及以上或者直接经济损失总计 100 万元及以上的生产安全事故的。

（3）发生造成重大社会不良影响事件的。

（4）瞒报、谎报、迟报、漏报生产安全事故的。

（5）被列入安全生产失信惩戒名单的。

（6）提供虚假材料，或者以其他不正当手段取得标准化等级的。

（7）行政许可证照注销、吊销、撤销的，或者不再从事相关行业生产经营活动的。

（8）存在重大生产安全事故隐患，未在规定期限内完成整改的。

（9）未按照标准化管理体系持续、有效运行，情节严重的。

88. 安全生产标准化等级有效期满后应如何处理?

企业安全生产标准化等级有效期为 3 年。

已经取得安全生产标准化等级的企业，可以在有效期届满前 3 个月再次按照《企业安全生产标准化建设定级办法》规定的程序申请定级。

对再次申请原等级的企业，在安全生产标准化等级有效期内符合以下条件的，经定级部门确认后，直接予以公示和公告：

（1）未发生生产安全死亡事故。

（2）一级企业未发生总计重伤 3 人及以上或者直接经济损失总计 100 万元及以上的生产安全事故，二级、三级企业未发生总计重伤 5 人及以上或者直接经济损失总计 500 万元及以上的生产安全事故。

（3）未发生造成重大社会不良影响的事件。

（4）有关法律、法规、规章、标准及所属行业定级相关标准未作重大修订。

（5）生产工艺、设备、产品、原辅材料等无重大变化，无新建、改建、扩建工程项目。

（6）按照规定开展自评并提交自评报告。

89. 相关部门是如何激励企业推进安全生产标准化建设的?

各级应急管理部门应当协调有关部门采取有效激励措施，支持和鼓励企业开展安全生产标准化建设。

（1）将企业安全生产标准化建设情况作为分类分级监管的重要依据，对不同等级的企业实施差异化监管。对一级企业，以执法抽查为主，减少执法检查频次。

（2）因安全生产政策性原因对相关企业实施区域限产、停产措施的，原则上一级企业不纳入范围。

（3）停产后复产验收时，原则上优先对一级企业进行复产验收。

（4）安全生产标准化等级企业符合工伤保险费率下浮条件的，按规定下浮其工伤保险费率。

（5）安全生产标准化等级企业的安全生产责任保险按有关政策规定给予支持。

（6）将企业安全生产标准化等级作为信贷信用等级评定的重要依据之一。支持和鼓励金融信贷机构向符合条件的安全生产标准化等级企业优先提供信贷服务。

（7）安全生产标准化等级企业申报国家和地方质量奖励、优秀品牌等资格和荣誉的，予以优先支持或者推荐。

（8）对符合评选推荐条件的标准化等级企业，优先推荐其参加所属地区、行业及领域的先进单位（集体）、安全文化示范企业等评选。